星
群
与
众 神

STARS AND
GREEK GODS:
TALES ABOUT ASTRONOMY
AND MYTHOLOGY

天文浪漫
神话

王国亮 著

译林出版社

图书在版编目（CIP）数据

　　群星与众神：天文浪漫神话 ／ 王国亮著.—南京：
译林出版社，2023.8
　　ISBN 978-7-5447-9789-4

　　Ⅰ．①群⋯　Ⅱ．①王⋯　Ⅲ．①天文学史 – 世界 – 普及
读物　Ⅳ．①P1-091

　　中国国家版本馆CIP数据核字（2023）第094746号

群星与众神：天文浪漫神话　王国亮／著

责任编辑　　许　昆
插　　画　　麻钰薇
装帧设计　　韦　枫　侯海屏
校　　对　　王　敏
责任印制　　董　虎

出版发行　译林出版社
地　　址　南京市湖南路 1 号 A 楼
邮　　箱　yilin@yilin.com
网　　址　www.yilin.com
市场热线　025-86633278
排　　版　南京展望文化发展有限公司
印　　刷　江苏凤凰新华印务集团有限公司
开　　本　718 毫米 ×1000 毫米　1/16
印　　张　14.5
插　　页　4
版　　次　2023 年 8 月第 1 版
印　　次　2023 年 8 月第 1 次印刷
书　　号　ISBN 978-7-5447-9789-4
定　　价　79.00 元

　　茫茫宇宙，浩瀚星空，蕴藏着无穷无尽的秘密与摄人心魂的美。远古时期，人们围绕熊熊燃烧的火堆，手指夜空中的繁星，编织出一个个拨动心弦的神话故事，尽情表露血肉之躯永不止息的英雄梦想与深挚渴望。

　　千秋易逝，人性永恒。每个时代的人们都感受着相似的喜怒哀乐，体验着同样的爱恨离合。因此，古老的神话传说拥有感动一代代人肺腑的生命力，纵使沧海桑田物换星移，它们依旧牢牢扎根在人类文明的基底中。神话弥足珍贵之处在于，它能够带领我们重归人类的童年时期，让我们再次用好奇的目光打量周遭的一切，而这种对新鲜事物保持敏锐、保持开放的心态，又恰恰是科学发展的源动力。

　　在星辰的尺度下，人的一生无疑是电光火石的一刹那。但我们这个圆颅方趾的物种，始终不甘心像大部分哺乳动物那样被牢牢束缚在大地上，时常有意无意间从尘埃中仰起头，想要用极其有限的生命追寻苍穹上的万千神奇。从石器时代起，各片大陆上都出现了与天文观测息息相关的建筑，如埃及纳布塔普拉雅石阵、中国陶寺古观象台、英国巨石阵、玛雅金字塔……在先民眼中，星辰如此光辉灿烂，神祇才能与之媲美。天南海北的人们，尽管语言、肤色、信仰各不相同，却心照不宣地把众神的意象赋予了群星，并相信每一颗星都受到特定神的支配。随着近现代天文科学的迅速发展，在天文望远镜的帮助下，人们发现的天体数目急剧增多，用神话人物来指称天体的惯例也得到传承和发扬。不仅太阳系里的绝大多数主要天体，众多航天计划、太空飞船、空间探测器的名字也都与神话人物有关。譬如美国航空航天局（NASA）相隔半个多世纪的两次载人登月计划——"阿波罗"计划与"阿耳忒弥斯"计划，就得名于希腊罗马神话中一对光彩照人的双胞胎姐弟，他们分别主宰着日月。

几乎每一代人，都在用内心缤纷的小宇宙去触碰辽阔无垠的大宇宙，继而为那些遥远的天体注入美和意义，让它们仿佛拥有了呼吸和心跳。神话是往昔奇思妙想的结晶，是世代创作灵感的源泉。当我们凝望星空时，短促的生命便与永恒连缀到一起，我们不知不觉就从现实走入了神话。

本书的写作初衷也在于此。我力求在严谨准确的前提下，用优美流畅的语言将天文科普与神话故事结合起来，希望能尽自己的绵薄之力，促进天文、人文相得益彰，让读者在获取知识的同时，也能得到审美上的愉悦。在太阳系众多天体中，我挑选出十五个具有代表性的天体，涉及恒星、行星、矮行星、卫星、小行星五种类型，包括与人类关系最密切的太阳、月球，大众耳熟能详的八大行星，归类过程一波三折的冥王星、谷神星，以及主小行星带里的智神星、酒神星、小行星1809，它们基本上涵盖了太阳系主要的天体，联系着希腊罗马神话中重要的神。

在本书的写作过程中，我有幸得到了许多朋友的鼓励和帮助，他们的宝贵意见令我受益良多。特别感谢《中国国家天文》杂志工程师与画师麻钰薇（笔名花覆酒），她精心为十五位神绘出原创插画，并为酒神星、小行星1809设计了形象的天文符号。我一遍遍欣赏这十五幅美妙的艺术作品，宛如见证了一场希腊罗马神话中的创世。大连牧夫天文学会王九洋博士为本书提供了极其可贵的建议，提醒我既然选择写太阳系里的天体，就要尽可能囊括所有类型，于是我增加了小行星这一重要的组成部分。在这里，一并向所有热心的朋友深深地道一声"谢谢"！然而，虽竭尽全力，但错误疏忽在所难免，也请读者朋友们多加指正。

现在，就请一起奔赴充满奇迹、充满发现的苍天航路吧！

目 录
Contents

第一篇　太阳
阿波罗：光的灰烬

　　作为太阳系的绝对主宰，太阳是世间光明、温暖与希望的源泉。古希腊人将太阳的诸多特性赋予阿波罗神，在他身上倾注了对于男性美的全部理想。如今，宏伟壮观的阿波罗太阳神庙早已湮没于萋萋芳草，唯有不息的风从过去吹向未来，倾诉着人与神的爱恨缠绵，见证着蜉蝣的生老病死、感情的生住异灭、宇宙的成住坏空……

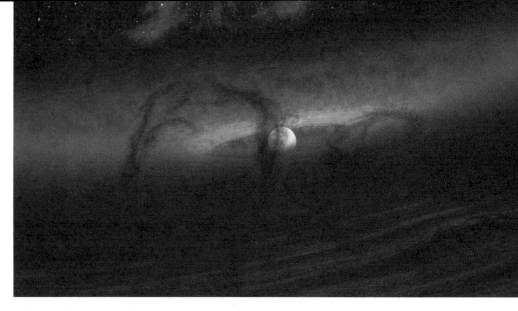

| 恒星系中行星盘的形成，艺术概念图。　　来源：NASA

☉ 太阳的一生

起初，太阳源于一团巨大的气体和尘埃云。在引力作用下，这团气体和尘埃云不断向中心收缩，形成一个高温、高压、致密的球体。又经过大约 1 亿年漫长的妊娠期，太阳内部的氢原子在巨大压力下激烈碰撞并融合，触发了核聚变反应，向外释放出大量的光和热。当这股向外释放出的强大力量，与气体和尘埃云向内积聚收缩的力量达成平衡时，太阳就横空出世了。

太阳正处在从容燃烧的黄矮星阶段。根据计算，太阳每秒大约有 6 亿吨的氢聚变为氦，相当于 1 000 亿颗百万吨级原子弹爆炸释放出能量。所幸地球距离太阳 1.5 亿千米，接收到的能量只是其中的二十二亿分之一，否则一切都将瞬间化为乌有。如果人类能够以某种方式收集这短短一秒钟的全部太阳能量，则足够满足全世界上百万年的需求。

太阳没有固态内核，从内到外都由沸腾的带电离子组成。越深入太阳内部，温度就越高，在日核——太阳的"心脏"，温度高达不可思议的 1 500 万摄氏度！太阳表面布满了扭曲缠结的磁场。

每当太阳磁场某些区域内压抑的能量爆发时，都会绽放出明亮的耀斑，并激起猛烈的太阳风。太阳风会以每秒200至800千米的速度吹向地球。铜墙铁壁般的地球磁场将阻挡住大部分太阳风的袭击，但其中仍有一些会沿着磁力线掠过地球南北两极。当这股带电粒子流与极地高层大气碰撞时，就会激发出梦幻般迷人的极光。

太阳直径为大约139万千米，能够装下100多万个地球。如果太阳坐上跷跷板的一端，即便太阳系中其他所有天体都坐到另一端，这个跷跷板也纹丝不动。因为在整个太阳系中，超过99.8%的质量都来自太阳，八大行星、矮行星、小行星、彗星、流星体及其他星际物质，统统围绕着这颗恒星运转不息。放眼浩瀚银河，太阳

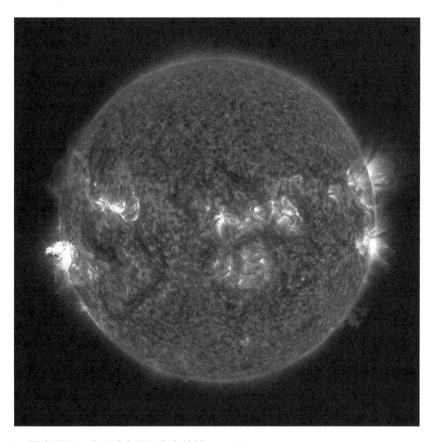

| 夏末耀斑，太阳动力学天文台捕捉。　来源：NASA

在 2 000 多亿颗恒星里并不突出，但对我们这颗蓝色行星上的生灵万物而言，太阳永远闪耀着无与伦比的神性光辉。

正所谓"一切皆流，无物常驻"，生生灭灭是永恒的自然法则，终有一天，太阳也会死去。北欧神话就把太阳之死描绘得无比惨烈。凛冬肆虐了整整三年，诸神的黄昏降临了。巨狼芬里尔挣断绳索，拔出插在喉中鲜血淋漓的长刀。它圆睁着赤红的双目，带领儿子们嘶叫着冲向太阳。它们咬断天马的脖子，致使太阳失足坠下翻滚的马车，又张开如盆大口，把太阳撕咬得四分五裂。太阳抽搐着，在剧烈的痛楚中被吮尽了鲜血，又被芬里尔的儿子们生生吞入腹中。

如果我们把太阳的生灭期比作人生百年，那么如今它正处在年富力强的四十六岁。然而太阳的燃料终究是有限的，核聚变不可能永远持续下去。当太阳核心耗尽了氢，便开始燃烧氦，汹涌的能量会使得太阳如气球般膨胀为一颗红巨星。那时，太阳直径将扩大到现在的 100 倍以上，彻底吞没水星和金星，并把地球和火星烤焦。那将是地球上空前绝后的大火。那一刻到来时，倘若人类正在遥远的星球上凝望，他们是否会想起冲天火光中狂喜的尼禄？会不会脱口吟出海子的诗句，"这是我的声音　这是我的生命 / 上帝你双手捧着我像捧着灰烬"？

☉ 逐日之旅

太阳是世间光明、温暖与希望的源泉。无论中国古人还是古希腊人，都曾踏上义无反顾的逐日之旅。《山海经·海外北经》记载："夸父与日逐走，入日。渴欲得饮，饮于河渭，河渭不足，北饮大泽。未至，道渴而死。"希腊神话中，少年伊卡洛斯挥动着蜡做的翅膀飞向太阳，结果太阳把他的翅膀熔化了。烛泪滴落，少年如流星般下坠，被波涛汹涌的大海吞噬了生命。

为什么夸父和伊卡洛斯要追逐太阳？当他们追逐太阳时，他们究竟在追寻什么？在熊熊燃烧的太阳前，血肉之躯渺小而脆弱，夸父和伊卡洛斯不可避免地失败了，但正是这种对可望而不可即的事物的奋力追逐，令他们升华为虽死犹生的文化英雄。只要太阳还照常升起，就一定会有人追随着夸父和伊卡洛斯的身影，想要离苍穹之上炽烈的光焰近一点，更近一点。或许终有一天，能拥抱那摄人心魂的美，揭开它的谜团。

神话凝聚着古人的心声，也将古人的激情和热望传递到了今天。科学家们把近距离探测太阳列入必须完成的科研任务之一。在半个多世纪中，"先驱者号"、"太阳神号"、"尤利西斯号"、太阳和太阳圈探测器（SOHO）、"起源号"等太阳探测器先后升空。这一系列探索发现更新了我们对太阳的许多认知，包括活跃的太阳磁场、太阳风对行星的影响等。

人的好奇心与求知欲是没有尽头的。在太阳的神秘面纱——日冕层前，一些谜题始终困扰着研究者：为什么太阳的表面温度只有大约 6 000 摄氏度，而距离太阳核心更远的日冕层温度竟然达到了 100 万摄氏度以上？太阳风源头的磁场结构是怎样的？太阳风的动力来源何在？它又是如何被加速到超音速的？太阳直接关系着地球上生命的存亡，破解这些谜题，不仅能让人类更好地了解太阳的运作方式，还能帮助我们抵御潜在的灾难性太阳风暴。

"帕克号"太阳探测器就肩负着这一伟大使命出发了。2018 年 8 月 12 日，在美国佛罗里达州卡纳维拉尔角空军基地，"帕克号"发射成功，之后它顺利完成火箭分离，脱离地心引力进入预定轨道。在往后的七年中，它将环绕太阳 24 圈，每一圈，都会更加接近太阳炽烈的光焰。

这是一场有进无退的远航。"帕克号"超越了此前所有太阳探测器，成为有史以来距离太阳最近的人造物体，直抵人类认知的边际。2021 年 11 月 21 日，勇敢的"帕克号"迎着高温与狂暴的太阳

5

太阳

阿波罗：光的灰烬

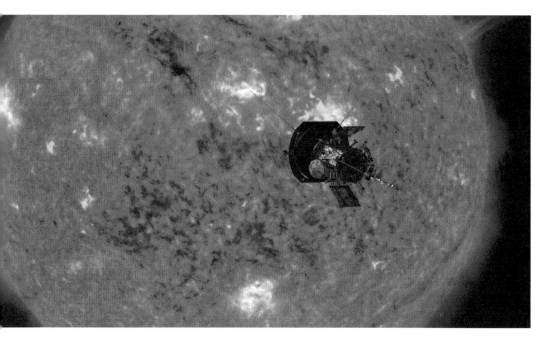

| "帕克号"太阳探测器接近太阳。　来源：NASA

风，以创纪录的速度第十次掠过轨道近日点。此时，它距离太阳表面只有 850 万千米！在任务的最后三圈，"帕克号"以决绝的姿态冲入太阳大气层，最近的时候，距离太阳表面仅有 610 万千米。这是什么概念？如果我们把地球到太阳的距离看成 1 米，那么"帕克号"距离太阳只有 4 厘米，几乎要和太阳紧紧相拥了。

"我必须向你们讲述／在空无一人的太阳上／我怎样忍受着烈火／也忍受着人类灰烬" 2025 年 6 月 14 日，"帕克号"预计最后一次飞掠近日点。此后"帕克号"将耗尽燃料，再也无法维持住自己的隔热罩。滚滚热浪涌向它，它将被太阳的光芒吞噬，化作一场等离子焰火，与滋养我们的太阳融为一体。从夸父、伊卡洛斯到"帕克号""羲和号"，为什么逐日者总像飞蛾一般前仆后继地扑向太阳？或许当阳光再一次亲吻你的脸庞时，那些古老的怀恋与新鲜的渴望，也会在你的血管中徐徐燃烧。

⊙ 太阳神的由来

太阳崇拜是人类最古老的崇拜形式，可以溯源到文明之初。在几乎所有古代文明中，我们都能找出太阳崇拜的痕迹。一代代神使、先知与诗人对太阳竭尽称颂，赋予它至高无上的地位，从而令太阳承载了太多神圣而美好的意义，比如主宰、绝对、唯一、真理、正义、幸福、爱情……古希腊人也毫不吝惜地以最优美的语言歌颂太阳，并将太阳神这一殊荣给予了赫利俄斯与阿波罗。

赫利俄斯是提坦神的一员，也是太阳的人格化身。他英俊魁梧，身穿紫红长袍，头戴光芒四射的金冠。每天清晨，黎明女神厄俄斯用玫瑰色的修长十指打开东方天门，赫利俄斯便乘坐着四匹天马拉的太阳车出巡。他越过苍穹，令光芒普照世界，直到黄昏来临，才没入俄刻阿诺斯海的彼岸。

在罗马世界中，赫利俄斯被称为索尔（Sol），也就是英文"Sun"（太阳）一词的来源。1868 年，法国天文学家让桑在印度的一次天文观测中，从太阳光谱内发现了一条明亮的黄色谱线，他将资料寄给英国天文学家洛克耶。洛克耶认定这是太阳中某种未知的元素，于是以太阳神赫利俄斯（Helios）之名将它命名为氦（helium）。

那么，为什么阿波罗也被当作太阳神呢？相比赫利俄斯，阿波罗的职能要多出许多。多才多艺的阿波罗是光明与预言之神，同时还是音乐、诗歌、医药、理性、数学和逻辑之神，因为射术出众，他又被誉为银弓之神。我们知道，光明无疑是太阳最重要的特征，阿波罗正是借光明的属性和太阳联系到了一起。随着时光的流逝，人们越来越崇敬这位无所不能的神，尤其是诗人、作家和艺术家群体。他们极力抬高文艺之神阿波罗的地位，比如欧里庇得斯在《法厄同》、奥维德在《变形记》中都将阿波罗视为太阳神。

还有两个传说曾为此推波助澜。一个说，由于赫利俄斯没有参加奥林匹斯神与提坦神之间的战争，于是宙斯胜利后论功行赏时，

| 《行星与大陆的寓言》（局部）中的阿波罗形象，乔瓦尼·巴蒂斯塔·提埃波罗绘

就把太阳车赏给了骁勇善战的阿波罗；另一个说，因赫利俄斯纵容儿子法厄同驾驶太阳车，导致半个世界陷入火海，宙斯盛怒之下，把驾驭太阳车的职责转交给了阿波罗。总之，到了公元前 5 世纪左右，两位神逐渐混同起来，名气更大、更受人爱戴的阿波罗与赫利俄斯并列成为人们心目中太阳的象征。

⊙ 与日争辉

阿波罗是神王宙斯与提坦女神勒托的儿子，出身高贵且才貌非凡。他皮肤白皙、身材健美，满头秀发在风中飘逸，如同阳光般光彩照人，至今依然被视为男性美的典范，如同阿芙洛狄忒是女性美的极致。"like an Apollo"（如同阿波罗）便是对风度翩翩的美男子生动形象的描述。但这位主宰光明、理性、艺术、医药的神，在人格上并不是无瑕无私的。古希腊人相信有光明的地方必有阴影，很少对人性作出美化和崇高想象，即便对自己顶礼膜拜的阿波罗，也丝毫不粉饰其性格中阴暗残忍的一面。

阿波罗是光明与黑暗、创造与毁灭、理智与情感的混合体。他随身携带的两件心爱之物——竖琴与弓箭，分别是和平安宁与暴力杀戮的象征。作为出色的音乐家，阿波罗轻轻拨动琴弦时，那美妙的音符会如春日暖阳般抚慰人的灵魂；可一旦仇敌出现在眼前，他又会怒火中烧，化身为令人胆寒的战士，射出一簇簇致死的利箭。让我们看一则令人毛骨悚然的故事，它恰如其分地展现出阿波罗身上光明与黑暗的二元对立。

雅典娜一度爱上吹笛子，可是很快，她发现吹笛子会让腮帮鼓胀，有损自己优雅端庄的形象，于是随手把笛子丢到了一条小溪边的青草地上。笛子被一个名叫玛耳绪阿斯的萨堤尔 * 捡到了。出于好奇心，他试着吹了一口，美妙无比的乐声顿时迷住了他。从此玛耳绪阿斯曲不离口，吹奏的技艺越来越娴熟，他成了希腊，乃至小亚细亚地区著名的音乐家。在美酒、鲜花与听众的环绕中，天性欢快的玛耳绪阿斯变得飘飘然了。他自诩为世界上最优秀的乐手，甚至放言，如果同台演奏，他一定可以胜过音乐之神阿波罗！

阿波罗得知后怒火攻心，决定给天下所有自以为是者一个惨痛的教训。于是他接受了这场挑战，唯一的条件是，胜利者可以随心所欲地惩罚失败者。比赛开始了，曼妙的旋律接连从玛耳绪阿斯的长笛与阿波罗的里拉琴中流泻出来，如涟漪般在天地间荡漾，为绿野灌注了无限的美丽与生机。听众深深沉浸在两位大师的乐声中。

---

* 萨堤尔，半人半羊的精灵，长有羊角、羊耳、羊腿和羊尾，以嗜酒好色、酷爱寻欢作乐而著称。

曲子终了，阿波罗手下的九位缪斯女神一致认定阿波罗为胜利者，理由是，里拉琴可以反弹，笛子却不能反过来吹。剩下的一位评委，也就是"点石成金"的国王弥达斯，投出了唯一支持玛耳绪阿斯的票。阿波罗耸耸肩，诘问道："你觉得他演奏得比我好？你是长了两只驴耳朵吧！"话音刚落，弥达斯的双耳就变成了长长的灰色驴耳。

　　至于玛耳绪阿斯，他刚想向阿波罗赔不是，怒气未消的阿波罗不容分说地把他吊在一棵树上，掏出一柄寒光闪闪的尖刀就开始剥他的皮。可怜的玛耳绪阿斯凄惨地大叫："为什么，为什么要剥我的皮？我只是吹笛子啊！我再也不吹了，再也不吹了！"但是阿波罗丝毫不为所动，看着玛耳绪阿斯全身鲜血直流……他还把玛耳绪阿斯的皮挂在一棵松树上，警示一切胆敢僭越神明之人。据说从此以后，每逢悠扬的笛声传来，这张皮就会翩翩起舞，可一旦里拉琴声响起，它的舞蹈便戛然而止。

| 《阿波罗与玛耳绪阿斯的比赛》，雅各布·丁托列托绘

然而，在后世作家、画家、雕刻家、音乐家眼里，这场艺术之争没有失败者。他们固然热爱阿波罗，却也坚信人的艺术才能足以和神平分秋色，于是，"被剥皮的玛耳绪阿斯"成了让一代代艺术家愤愤不平又念念不忘的悲剧题材。也有一些人文主义者把这场向音乐之神的挑战与伊卡洛斯飞天、阿拉克涅织锦、法厄同驾驶太阳车、普罗米修斯盗火联系起来，认为它们象征着人的反抗精神与超越自我的意志。人虽然渺小，却不甘心像蝼蚁一样在尘埃中匍匐，始终怀抱着比肩神明的梦想与热望。

☉ 太阳神的爱情

古希腊人在阿波罗身上倾注了对于男性美的全部理想：他如阳光般耀眼，似鹰隼般矫健，才艺又登峰造极。对女性来说，拒绝阿波罗的爱，就像拒绝雨露和阳光一样不可想象。然而，恰恰是这位才貌双全的光明之神，他的爱情之路却一片黑暗。这是为什么呢？一切还要从阿波罗的初恋说起。

阿波罗奋力射杀了为祸一方的巨蟒皮同后，人们载歌载舞，为他建立神庙，争相称颂这位为民除害的大英雄。阿波罗高兴极了，他心满意足地深吸了一口甜蜜的空气。忽然，他看见爱神厄洛斯正在一旁专心致志地摆弄弓箭。阿波罗一脸不屑地说："小孩，弓箭是大人的武器，可不是你玩过家家的玩具。你看，我刚刚射杀了凶残的巨蟒，你还是把弓箭交给会射箭的人吧！"厄洛斯满心不服气，回敬道："阿波罗，你以为天下会射箭的只有你一个人吗？让你知道我的厉害！"说完，他扇动翅膀，转眼间就飞到了帕尔纳索斯山郁郁葱葱的树林中。

为了狠狠教训阿波罗，爱神先将一支点燃爱情的金箭射向他，紧接着抽出一支熄灭爱情的铅箭，射向阿波罗必经之路上的美少女达芙妮。阿波罗走着走着，心中一股爱情之火猛烈燃烧起来，他无比渴望一场热烈的爱情。就在此时，他遇见了美丽动人的达芙妮。几乎同一瞬间，达芙妮也发现阿波罗正目不转睛地盯着她。由于中了爱神的铅箭，达芙妮眼中的阿波罗面色狰狞、令人作呕，她吓得花容失色，转身就跑。

　　阿波罗一边追，一边呼喊："河神珀纽斯的女儿，你别跑！我不是坏人，我是光明之神阿波罗，你回头看看我好吗？我是天下第一神射手，在德尔斐有我的神庙。我是天下第一音乐家，你停下来听我给你弹首曲子好吗？我还是天下第一名医，但我治不好自己的相思病！"在爱情的驱使下，阿波罗越跑越快，眼看就要追上来了。筋疲力尽的达芙妮瘫倒在河边，绝望地向父亲祈求："救救我！父亲，如果您的河水真的有神力，就把我带走吧！我宁死也不要被阿波罗侮辱！"

　　河神珀纽斯回应了女儿的呼救。达芙妮柔软的身体变得沉重而麻木，她头上生出树叶，双臂变成树枝，双腿牢牢扎进土地化作树根，唯有姿仪依然优美……阿波罗冲过来紧紧拥住自己心爱的人，

| 《阿波罗与达芙妮》，弗朗切斯科·阿尔巴尼绘

可触到的却是一株月桂树。阿波罗的心碎了，他深情凝望着月桂树的枝干，久久地在达芙妮身边徘徊。

为了纪念这段苦涩的初恋，阿波罗将月桂树作为自己的圣树。他折下一段树枝，编成桂冠戴在头上。从此以后，桂冠成了文化、艺术和体育界的至高荣誉，象征着和平与纯洁。这段得不到的爱情永远在阿波罗心底隐隐作痛，月桂树也始终四季常青。

达芙妮仅仅是阿波罗情场失意的开始，后来他又接连遭遇了许多段辛酸的爱情。阿波罗曾希望以预言术换取卡珊德拉公主的芳心，可是这位公主学会预言术之后，依然拒绝了他的求爱；阿波罗向玛耳珀萨公主袒露真情，可是公主担心自己年老色衰后被青春永驻的阿波罗抛弃，宁愿嫁给一位凡人；阿波罗还曾向一位名叫锡诺普的美人求爱，对方要求阿波罗先答应自己一个条件，结果她的要求竟是永葆处子之身……

为什么玉树临风的阿波罗，爱情之路却坎坷不平？其实不仅是阿波罗，希腊神话中众神、英雄、凡人的爱情很少存在现代意义上的"圆满"结局。古希腊人没有"有情人终成眷属"的观念，在他们生活的时代，基督教宣扬的从一而终的婚姻理想也尚未出现。可以说，古希腊人的神话传说源自生活的本来面目。人是什么样，神就是什么样，人的爱情千疮百孔，神的爱情也难以善终。因此，除了皮格马利翁与雕像女郎、菲利门与巴乌希斯等少数人的几段长相厮守的爱情外，希腊神话中大多数恋情都在狂喜和剧痛的两极之间反复摇摆。主人公一次次被爱情之火点燃，熄灭，又从灰烬中重新绽放，就这样，为我们演绎了一出又一出爱情的悲喜剧。

⊙ 残垣的呼唤

在奥林匹斯神中，阿波罗的崇拜与祭祀极为盛行，希腊、塞浦

路斯、罗马、小亚细亚、埃及等地都曾建有阿波罗太阳神庙。人们从四面八方拥来，狂热地称颂他、赞美他。相传神王宙斯令两只雄鹰从宇宙两端相对而飞，它们最后在德尔斐相会了，于是宙斯将此处认定为世界的中心。自公元前 8 世纪始，阿波罗便统治了这方圣地。当近乎完美的光明之神与世界中心合二为一时，德尔斐声名鹊起，以至于超越奥林匹斯山，成为古希腊人心目中最崇高的圣域和精神家园。

随着亚历山大大帝远征波斯帝国，希腊众神的影响力也从地中海沿岸一路扩及亚洲腹地。如今两千多年过去了，一座座宏伟壮观的阿波罗太阳神庙已然湮没于萋萋芳草，唯有不息的风从过去吹向未来，倾诉着人与神的爱恨缠绵，见证着蜉蝣的生老病死、感情的生住异灭、宇宙的成住坏空……

| 德尔斐的阿波罗神庙遗址。　来源：wiki commons

第二篇　月球
阿耳忒弥斯：冰火缠绵

　　明澈的月亮照着古人也照着今人。它的阴晴圆缺、它伐毛洗髓的清辉，每每撩拨到人类心灵深处柔软的部分。古希腊人将美好的意象赋予月亮，塑造出美丽圣洁的月神阿耳忒弥斯。今日，天文学家又将古老的传说融入航天梦想，以月神之名续写载人登月的宏伟篇章。

☽ 月魄在天

月球从何而来？一代代天文学家对此倾注了巨大的热情，流行过的假说包括：地月同时积聚成型的同源说、潮汐共振分裂说、地球引力俘获说等等。直到"阿波罗"计划成功带回月球上的岩石和土壤——它们竟然和地壳的成分一模一样，此时人们才逐渐接受：大约45亿年前，有一个像火星那么大的天体——忒伊亚，猛烈地从侧面撞上地球，把地球硬生生撞掉了一大块。后来碰撞产生的天体残骸吸积到一起，又历经许多亿年的时光打磨，终于成为我们眼

| 六月的满月。　来源：NASA

| 奥尔德林在月球上行走。　来源：NASA

中明澈皎洁的月亮。

　　所幸那时的地球还很年轻，没有什么是不可以失去的。如果"火星撞地球"在今日重演，或许坚强的大地母亲依然可以劫后余生，但毫无疑问，我们这些依附于她的生命都将灰飞烟灭。恰如庄子所说"方生方死，方死方生"，如果没有 45 亿年前那场毁天灭地的大冲撞，月亮的清辉永远不可能遍洒世间，地球上既不会有摇篮般的潮起潮落，也不会有稳定的四季变迁，甚至连生命的诞生都无从谈起。

　　踏上月球的那一刻，宇航员奥尔德林将眼前的景象形容为"壮美的孤寂"。月球是一个伤痕累累的世界，许多从天而降的不速之客，将它表面撞出大大小小的陨击坑。由于这里没有风吹雨打，地质变迁缓慢，也没有生命活动，因此这些伤痕很难抹去，就像月神阿耳忒弥斯对触怒她的人永不遗忘。

　　我们从地球上眺望月球，能看见一些暗色的斑点，这些暗斑称为"月海"。然而此海非彼海,月海中没有一滴水,它们是数十亿年前,巨大的陨石撞击月球,月球内部岩浆涌至表面,充填陨击坑而形成的地貌。月海比其他地方要平坦得多,是飞行器着陆的最佳选择。在众多月海之中,最广为人知的非静海莫属。1969 年,"阿波罗 11 号"飞船的登月舱成功降落在静海,宇航员阿姆斯特朗正是在这片广袤的平原上说出了那句著名的话:"这是个人的一小步,人类的一大步。"

尽管同样位于太阳系的宜居带内,月球却有着我们意想不到的严酷环境。月球表面几乎是真空的,没有大气与水体的保温作用,阳光尽情倾泻在月球上。白昼,赤道附近温度高达 116 摄氏度;到了夜晚,温度又会急剧下降到零下 179 摄氏度。如果你想体验太阳系中极端的寒冷,完全不用千里迢迢奔赴冥王星,在月球南极-艾托肯盆地的环形山底,就冰封着终年不见阳光的土壤,此处温度低至令人恐惧的零下 248 摄氏度。如果把某具人类遗体封存于此,那么其命运就将如冰人奥兹或安第斯山少女胡安妮塔一般,被永远收藏在时间的褶皱里。

月球直径略大于地球的四分之一,是太阳系中的第五大卫星。月球自转一圈的时间与绕地球公转一圈的时间完全相等,因此我们在地球上只能看见月亮一半的面容。那看不见的"月之暗面"便成了人们寄托想象的神秘领域,以至于衍生出诸如那里存在着外星人的基地、坠毁的第二次世界大战时期的轰炸机,以及失踪的百慕大轮船等离奇的都市传说。事实上,月球的两个半球所接收的太阳光照几乎相等,背对我们的那一面并不黑暗,也是一个历经陨石浩劫的荒凉世界。

| 地球在月球地平线上升起,由月球勘测轨道器拍摄的多张图片合成。　　来源:NASA

☽ 月航船

明澈的月亮照着古人也照着今人。它伐毛洗髓的清辉，每每撩拨到人类心灵深处柔软的部分。从《诗经·陈风·月出》"月出皎兮，佼人僚兮"，到博尔赫斯那句催人泪下的"我给你一个久久地望着孤月的人的悲哀"，无数次凝望，无数次想象，给月亮注入了浓得化不开的情感，使它成为人类永恒的审美对象。人们描绘它，歌唱它，为它塑造出一位位美丽的女神，嫦娥、辉夜姬、阿耳忒弥斯……东方和西方的月神在历史的天河中交相辉映。

也有异想天开的人渴望从尘网中一跃而出，登临月表亲手揭开它神秘缥缈的面纱。传说大约 14 世纪末，一位名叫万户的明朝官员，夜夜对着月亮浮想联翩。也许是被好奇心引领，也许是被美俘获，终于，一个月白风清的夜晚，万户在一张座椅背后捆上 47 支大火箭，又用绳索把自己牢牢固定在椅子上，两手各拿一个巨大的风筝，好似生出了一对翅膀。"若能于明月之上一窥尘寰，此生便了无遗憾了。"他对忠心耿耿的助手说，"点火！"就这样，试图借助火箭推力和风力飞上月亮的万户，在一阵绚丽的烟花中升空又坠落……

这个故事的雏形最早见于 1909 年 10 月的《科学美国人》杂志，并被美国、苏联、德国、英国等国的航天专家广泛援引。万户的月球之旅虽然失败了，但他用生命搏击苍穹，欲上青天揽明月的壮举，蕴含着非凡的胆略与可贵的信念。万户因此被誉为"世界航天第一人"。为了赞颂他的冒险精神，在 1970 年召开的国际天文学联合会上，月球背面的一座环形山被定名为"万户山"。可由于"万户飞天"不见于任何中国古籍，也有一些人认为，这是富有伊卡洛斯情结的西方学者借杜撰古老东方文明中的英雄传说，来说明登上月球，进而探索太空是全人类共同的心愿。

无论痴痴望月的万户是否在历史上真实存在过，他都有千千万万个化身。月球作为夜空中最大最亮的天体，它阴晴圆缺的变化会让人联想起光阴的匆匆流逝、尘世的悲欢离合。自史前起，月亮就与人们的生活息息相关。田野里的农夫借观察月相盈亏来判断何时播种，何时收割。大海上的水手通过月亮与星星的相对位置来测算方位与航向。17 世纪初，望远镜的发明让人类发现了宇宙中的万千神奇，从此对月球的探索也进入了崭新的阶段。

1609 年 7 月，托马斯·哈里奥特利用望远镜绘出了有史以来第一份月面素描图。11 月，伽利略透过望远镜发现月球绝非人们想象的那样光洁明亮，恰恰相反，其表面布满了崎岖的环形山。随后他在《星际使者》一书里公布了这一发现。随着科学技术的飞跃，月球呈现在世人眼中的面貌越来越丰富、清晰，人类对未知的探索永远也不会止步。20 世纪 50 年代太空时代开启以来，美国、苏联、欧洲、日本、中国、印度相继启动月球探测工程。NASA 于 2017 年宣布重启登月的"阿耳忒弥斯"计划。而中国的"嫦娥五号"于 2020 年 12 月 17 日凌晨携带月壤返回地球，探月工程"绕、落、回"三步战略圆满收官。中国有望于 2030 年实现载人登月。

假以时日，我们的后代可能在月球上建立起全新的城市，令万户的夙愿终得以偿。当他们漫步凝望熠熠群星间那蓝宝石般的地球时，是否会在无与伦比的美景前屏住呼吸？那一刻，诗人心底会涌出什么样的诗句呢？也许无声胜有声吧！

☽ 月神的由来

古希腊的月神主要有三位，新月福柏、满月塞勒涅、弯月阿耳忒弥斯。由于阿耳忒弥斯是奥林匹斯十二主神之一，又是神王宙斯的掌上明珠，在希腊神话的演变过程中，她的重要性一再得到突显，并逐渐取代其他月神，成为人们心目中月亮的象征，一如阿波罗逐渐取代赫利俄斯成为太阳的象征。古罗马人把阿耳忒弥斯称作

| 《飞凌于夜空的狄安娜》，安东·拉斐尔·门斯绘

"狄安娜"（Diana），而 Diana 也是经典影片《正义联盟》中神奇女侠的芳名。神奇女侠与《古墓丽影》中保守月神殿秘密的英姿飒爽的劳拉，都深得阿耳忒弥斯的美丽与风韵。

阿耳忒弥斯和阿波罗是一对孪生姐弟。他们的母亲——柔情似水的提坦女神勒托，因为怀了宙斯的孩子，受到天后赫拉的残酷迫害。妒火中烧的赫拉勒令大地不许接纳这名孕妇，致使挺着大肚子的勒托流离失所，无处容身。宙斯情急之下只得求助于海神波塞冬，于是茫茫大海中隆起一座小岛——提洛岛。勒托在这座荒岛上呻吟了整整九天九夜，才在剧烈的痛楚中把孩子生了下来。

当宙斯看见可爱的女儿时，整颗心都融化了。为了哄女儿开心，也为了弥补自己受苦的情人，神王宙斯对阿耳忒弥斯百依百顺，无论女儿想要什么，他统统满口答应。很快，阿耳忒弥斯拥有了一长串头衔，她掌管狩猎、野兽、山林、猎犬、雌鹿、贞洁、分娩，还有成群的宁芙*和猎狗与她相伴。"父亲，您真好，再答应我最后一个要求，"小姑娘水灵灵的双眸荡漾着笑意，"我要月亮！"宙斯立即捧出月亮送给了她。

阿耳忒弥斯是个面容清秀、身材曼妙的追风少女。她身着束腰的短裙和猎靴，平日弓不离手，酷爱自由不羁的野外生活。远离尘嚣的大自然就是她欢乐的源泉。同时她还能歌善舞，全身洋溢着青春欢快的气息。每每狩猎归来，阿耳忒弥斯都会带着上好的猎物，前往帕尔纳索斯山与阿波罗及缪斯女神们同享。一顿美餐结束，阿波罗轻抚金色的里拉琴，阿耳忒弥斯在悠扬的乐声中翩翩起舞。此时，月光映照着她纤柔的身姿，无比美丽圣洁……

可能是母亲怀孕期间的遭遇给她心里留下了挥之不去的阴影，阿耳忒弥斯坚决反对一切形式的婚姻牢笼。她珍爱自由，享受独身时光，朝夕相处的伙伴们也都不娶不嫁。所以在奥林匹斯圣山上，阿耳忒弥斯与雅典娜、赫斯提亚并列为三大处女神。从古希腊时代起，她就是不婚主义者的精神领袖。直到今天，全世界只有一个男人目睹了阿耳忒弥斯的身体，但他为这一瞥付出了生命的代价。

☽ 月神之怒

阿克泰翁是位勇敢的猎手，他不仅箭术精准，更用爱和耐心训练出一群忠心耿耿的猎犬。有一天，他追逐一头雄鹿时，不知不觉闯入了密林深处。忽然，他听见远处传来少女的嬉闹声，于是放轻脚步，拨开灌木丛，发现一群女神正在湖边沐浴，而正中间的那位正是自己的偶像——狩猎女神阿耳忒弥斯！阿克泰翁呆住了。

---

* 宁芙，温柔美丽的仙女。她们永远年轻，生活在森林、原野、溪流、江河、海洋等地，经常成为神的随从或者伴侣。

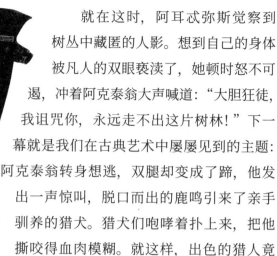

就在这时，阿耳忒弥斯觉察到树丛中藏匿的人影。想到自己的身体被凡人的双眼亵渎了，她顿时怒不可遏，冲着阿克泰翁大声喊道："大胆狂徒，我诅咒你，永远走不出这片树林！"下一幕就是我们在古典艺术中屡屡见到的主题：阿克泰翁转身想逃，双腿却变成了蹄，他发出一声惊叫，脱口而出的鹿鸣引来了亲手驯养的猎犬。猎犬们咆哮着扑上来，把他撕咬得血肉模糊。就这样，出色的猎人竟

古希腊陶器，描绘阿耳忒弥斯与阿克泰翁

被爱犬们吞入了腹中。

阿耳忒弥斯天真烂漫、纯洁善良。她尽心守护大自然万物生长，也保护柔弱的少女和无助的产妇。但就像自然本身充斥着蛮荒一样，阿耳忒弥斯也不乏冷酷残忍的一面，比如她决不允许凡人触犯自己，更不能触犯她受尽折磨的母亲。

底比斯王后尼俄柏是个高贵自信的女人。她与国王安菲翁生育了七个儿子和七个女儿。眼看着天神般俊美的儿女一天天长大，尼俄柏有些得意忘形了。她逢人便夸耀自己比女神勒托还要尊贵六倍，因为勒托只生育了阿波罗与阿耳忒弥斯这一对儿女。不仅如此，她还想方设法阻止底比斯的妇女敬奉女神勒托。这下勒托生气了，她非常委屈地把凡人的侮辱告诉了女儿和儿子。

愤怒的阿耳忒弥斯与阿波罗径直闯入底比斯王宫。就在国王与王后的眼前，阿耳忒弥斯用银箭射杀了尼俄柏的七个女儿，阿波罗用金箭射杀了尼俄柏的七个儿子。眼看自己的骨肉一个个倒在血泊之中，安菲翁悲痛得拔

《尼俄柏与她的幼女》，大理石复制品，原由斯珂帕斯作于约公元前 4 世纪。　来源：wiki commons

剑自刎，尼俄柏更是五脏俱裂。这位骄傲的母亲被彻底击垮了，她日夜在荒野中凄厉地哭喊。后来，就连宙斯都于心不忍，把她变成了西皮罗斯山上的一块岩石。今日那块"哭泣的岩石"上的女性面孔依然清晰可见，从石缝中汩汩涌出的山泉，就像泪水一样永不止息地流淌着。

》 月神的爱情

阿耳忒弥斯尽管曾许过独身的誓言，希望自己永远不被婚姻和家庭束缚，但她正可谓"天生丽质难自弃"。那么谁能够赢得她的芳心？一起看看这段令阿耳忒弥斯铭心刻骨的爱情故事吧。

英俊魁梧的俄里翁是海神波塞冬之子，可他不爱大海，而是深深地爱着山林。俄里翁整天带着猎犬在林中狩猎。他身手矫健，勇猛无畏。终于，命运让他遇见了真命天女——月神阿耳忒弥斯。四目交投的那一瞬间，两人立即被对方潇洒不羁的气质吸引了。从此以后，他们成了无话不谈的猎友，一起追巨兽、登绝壁、临险峰，在漫天星光下把野猪炙烤成金黄色，在山野里洒下一串串爽朗的笑声。

阿耳忒弥斯的心被爱情俘虏了。她左思右想，作出了一个重大的决定："我要收回誓言，嫁给俄里翁！"这个想法，她只告诉了亲爱的弟弟阿波罗。如今，我们很难判断阿波罗的真正动机是什么：有人说，他是为了捍卫姐姐处女神的名誉；有人说，阿波罗失恋后心情不好，于是想要拆散幸福的情侣；也有人说，他一直暗恋着姐姐阿耳忒弥斯。总之，太阳神阿波罗酝酿出了一个异常阴险的计划。

"姐姐，你也是个神射手，那么遥远的礁石，你能射中它吗？"趁着俄里翁在海中泅泳时，阿波罗把远处一个小小的黑点指给姐姐看。

"这有什么难？看清楚了，弟弟，我的箭术可不比你差！"阿耳忒弥斯弯弓搭箭，只听嗖的一声，利箭不偏不斜，把俄里翁射了个透心凉。

海涛把俄里翁的尸体送到岸边，阿耳忒弥斯这才知道自己在阿波罗的怂恿下酿成了大错。她紧紧抱着恋人冰冷的尸体，哭成了泪人。阿波罗刚想上前安慰，阿耳忒弥斯扭过头，咬牙切齿地说："我再也没有你这个弟弟！"

从那以后，阿耳忒弥斯再也不想看到阿波罗，无论太阳神如何恳求，她都远远地躲开。这就是希腊神话中太阳和月亮不会一同出现在天空中的原因。直到1969年7月20日，"阿波罗11号"载人飞船成功登上月球，这对姐弟才终于在人类的调解下冰释前嫌。相隔半个多世纪后的今天，"阿耳忒弥斯1号"飞船的太空舱以月神深爱过的猎户俄里翁为名。这段大地上破碎的爱情，终于在月亮上圆满。由此看来，天文学家真是一群浪漫的人，他们为古老的神话赋予新的生命，在全新的时代里续写了宏伟的篇章。

《阿耳忒弥斯与俄里翁》，意大利艾米利亚派佚名画家绘

☽ 火光中的月神庙

阿耳忒弥斯是古希腊最重要的神之一，随着古希腊、古罗马的殖民与扩张，她的影响力遍及整个地中海世界。公元前 3 世纪，旅行家安提帕特游览了地中海东部沿岸多个古老文明后，将七座气势恢宏的建筑选定为世界七大奇迹，位于小亚细亚半岛以弗所城郊的月神庙，即阿耳忒弥斯神庙正在其中。

这座神庙兴建于公元前 6 世纪，由白色大理石构筑而成，在阳光下闪耀着圣洁的光芒，规模更是接近雅典帕特农神庙的两倍。数百年间，它巍然屹立在以弗所东北郊的一座高山之上。从四面八方赶来朝觐、观摩、祭祀的人接踵比肩。阿耳忒弥斯女神祝福天下所有抱着美好愿望的崇拜者。

东晋人桓温有句名言："大丈夫不能流芳百世，亦当遗臭万年。"在遥远的小亚细亚，他有一位知音。公元前 356 年 7 月 21 日深夜，辉煌壮丽的阿耳忒弥斯神庙忽然燃起了冲天大火，几个世纪积累下来的瑰宝毁于一旦。据说这场火灾是一个郁郁不得志的希腊青年所为，他渴望受到关注却无人理睬他，于是他决心做一件前无古人的事——烧掉阿耳忒弥斯神庙。在以弗所当局的审判中，这位纵火犯不仅没有辩解，反而一脸自豪地宣称，全人类将为此永远记住他！

尽管阿耳忒弥斯的历代崇拜者都对他恨之入骨，但不得不说这个家伙的确成功了。两千多年间，人们但凡提起阿耳忒弥斯神庙，都会捎上他的名字——纵火犯黑若斯达特斯（Herostratus），英文短语"Herostratic fame"（黑若斯达特斯的名声）就是指不择手段得来的名声。

无巧不成书。传说也正是在那个夜晚，一个婴儿呱呱坠地。历史学家普鲁塔克记述道："阿耳忒弥斯女神忙于照料刚出生的亚历山大，以至于无法营救自己失火的神庙。"也许女神早就明白，神庙终有一日会被时光掩埋，而亚历山大的丰功伟业却亘古长青。

MERCURY

Hermes

第三篇　水星
赫耳墨斯：岁月神偷

　　水星是一颗荒凉而有趣的岩质行星。它表面遍布大大小小的环形山，每一座环形山都象征着一个杰出的灵魂。作为太阳系个头最小、离太阳最近的行星，它只要 88 天就可以绕日一圈，公转速度远远超过太阳系的其他行星。当它在群星间飞速穿梭的时候，追风少年——偷神赫耳墨斯，仿佛正手握双蛇杖破空而来，又绝尘而去。

| 水星彩色图，由"信使号"探测器拍摄的多张彩色底图合成。　来源：NASA

☿ 远古创伤

　　在太阳系的行星中，水星体积最小，距离太阳最近。它缺少保护伞一样的大气层，又没有卫星环绕，只能默默承受来自太空的威胁。2008 至 2015 年，"信使号"探测器拍摄了一系列水星近距离特写，向世人揭示出这颗星球的过往与真貌。早在 46 亿年前太阳系形成初期，无数横冲直撞的小行星从天而降，给水星留下了时间也无法平复的伤痕。水星荒芜的表面遍布大大小小的陨击坑，嶙峋的石块和粉碎的尘埃散落其间，乍看上去极像千疮百孔的月球。

　　然而，水星的环境比月球更加严酷。水星直径为 4 880 千米，大于月球的直径 3 476 千米。由于缺乏水体和大气的调节作用，水星既无法抵御太阳辐射，也无法保存自身热量，成了太阳系中昼夜温差最大的行星，是一片名副其实的冰与火之地。黎明前，水星地表温度低至零下 180 摄氏度；正午时分，赤道地区又高达 430 摄氏度。在日复一日的冰冻与炙烤下，生命无迹可寻。

太阳系所有的类地行星——水星、金星、地球和火星，都拥有以铁为主要元素的金属核心。水星的铁核大得出奇，占据了星球体积的 60% 与质量的 80%。相比之下，地球的铁核只占自身体积的 16% 与质量的 34%。水星也由此成了太阳系密度最高的行星。如果我们把水星想象成一种果实，那么它便是由薄薄的果皮包裹着大粒种子的咖啡果。

　　为什么水星铁核所占比例如此之大？一种解释是，在水星形成的初期，一颗来势汹汹的小行星以万钧之力击中了它。这场碰撞不仅直接撞掉了水星的大量岩石地壳，还剥离了它很大一部分地幔，

| 行星 / 卫星 / 小行星大小对比。　来源：NASA

使得水星成了一颗近乎裸露的星球。

在古人眼中，水星行踪缥缈、神出鬼没。早在公元前3世纪左右，两河流域的闪族人就已经发现了它。由于大多数时候水星都湮没在太阳耀目的光辉中，唯有清晨、黄昏时分才能瞥见它的踪迹，因此中国古人又称其为"辰星"或者"昏星"。无独有偶，古希腊人最初也把水星当成了两颗星，并安排两位神去司掌它。破晓前，人们称它为"阿波罗"；黄昏时，又呼唤它为"赫耳墨斯"。直到公元前4世纪，古希腊人才意识到，实际上它们是不同时间段的同一颗星，于是只称其为"赫耳墨斯"。

☿ 文艺星球

对地球而言，"春有百花秋有月，夏有凉风冬有雪"，可假如迁往水星，你只能与四季挥手作别，因为这颗行星上根本没有季节的概念！地球之所以有春夏秋冬，是因为地球的绕日轨道面与赤道面存在交角，太阳直射点在南北半球间周年巡回。但水星的绕日轨道面和赤道面几乎是重合的，阳光永远直射赤道附近，所以这里只有昼夜间热与冷的交替，没有四季变迁。不仅如此，水星上的一天还很漫长，相当于地球上的176天。如此漫长的日夜，能够做点什么呢？倘若没有更好的选择，不妨一起来研究文艺作品吧！

水星是一颗文艺星球。1976年，国际天文学联合会开始为水星上的环形山命名。根据规定，这些环形山只能选用文学家、艺术家、音乐家的名字，任何以科学家、哲

| 列侬陨击坑。　来源：NASA

学家、政治家之名呈报的，都会被毫不留情地拒绝。于是，这里有了物哀美学的奠基人紫式部、哥特风格作家爱伦·坡、灵魂尖啸者爱德华·蒙克、高山流水遇知音的伯牙、如泣如诉吹奏胡笳的蔡文姬、寻寻觅觅冷冷清清凄凄惨惨戚戚的李清照……

迄今为止，已有 300 多位历史上的文学、艺术、音乐大师与古老的水星环形山融为一体。未来，随着水星探测的深入发展，还会有更多直击心灵的名字与它产生联系。这颗没有卫星的孤独行星承载着人类文明史上恢宏的文艺梦想。或许一千年之后，太阳系的文艺青年们将蜂拥而至，在这里举行一场又一场朝圣与狂欢。如果你独自出游，可以带瓶好酒，在李白环形山中邀请金星对饮；要是朋友相约结伴，不妨参访千利休环形山，同饮侘寂与幽玄；倘若感到压抑浑噩，那就直奔凯鲁亚克环形山，在漫漫长夜里挣脱束缚吧！

☿ 风一般的少年

水星的一天很长，一年却很短。它的公转轨道离太阳最近，公转速度很快，只需 88 天就可以绕太阳运行一周，远远快于太阳系其他行星，好似不停穿梭于群星之间的信使。古希腊人把水星与行走如飞，担任奥林匹斯神使者的赫耳墨斯联系起来，称它为"赫耳墨斯之星"，可谓恰当至极。水星的英文名正是来自赫耳墨斯的罗马名墨丘利的英译（Mercury）。

赫耳墨斯是宙斯与情人迈亚的儿子。他精力充沛，才思敏捷，善于发明创造。如果说阿波罗是奥林匹斯诸位男神中的颜值之冠，那么最聪明睿智的就要数赫耳墨斯了。赫耳墨斯浑身上下洋溢着无忧无虑的乐观气息。他天赋异禀，常常灵机一动，就有了突破常规、另辟蹊径的点子。生活对他来说，无异于一场时时刻刻充满新奇与未知的冒险。

赫耳墨斯以其幽默欢快的形象广受古希腊人、古罗马人喜爱，人们把他作为商业、旅行、竞技、畜牧、偷盗等追求速度与流动性的行业的守护神。由于口若悬河，撒起谎来脸不红心不跳，他又是搭讪、骗术与雄辩之神。如果你恰好是个不走寻常路的人，热爱冒险，求知欲旺盛，追求游徙不定和变动不居的人生，那么赫耳墨斯也会会心一笑，给予你真诚美好的祝福。

赫耳墨斯多以轻盈矫健的青少年形象出现：他头戴双翅帽，脚踩带翼飞行鞋，身着短袖束腰衣，手持一根盘绕着双蛇的短杖。这根双蛇手杖极为著名，水星的天文符号☿就来自它。如今，多国海关的标志都由商业之神赫耳墨斯的双蛇杖以及一把打开国门的钥匙组成，中国也不例外。大名鼎鼎的国际奢侈品牌爱马仕（Hermès）

| 《奔跑的墨丘利》，乔波隆纳作。 来源：wiki commons

也与赫耳墨斯（Hermes）有关，尤其深得他的商业头脑与过人魅力。

古希腊人相信，人死之后无论贫富贵贱，灵魂都会归入哈得斯统治的冥府。如果亡魂滞留凡间，阴阳两界的秩序就会被扰乱，灾祸将绵延无尽。但通往冥府之路崎岖漫长，迷茫的灵魂无力独自前往，因此拥有最快速度的赫耳墨斯就肩负起了亡

| 万国邮政联盟 70 周年纪念邮票上的赫耳墨斯形象

魂接引者的职责。他协助亡魂从一个世界抵达另一个世界，是除了哈得斯和珀耳塞福涅之外唯一可以在冥界畅行无阻的神。

也许有人会提出，世界上每一天都有十几万人死去，赫耳墨斯无论跑得多快，也无法带领这些相隔万里的人都去往冥府。这就是认知的壁障了。我们作为时间与空间的囚徒，用线性的时间观难以理解赫耳墨斯，就像朝生暮死的夏虫不明白冬日寒冰。

光速是最快的速度，但在以希腊神话为背景的《正义联盟》中，有一位英俊少年——闪电侠，他的速度甚至可以达到光速之上。根据"钟慢效应"，物体运动速度越快，时间会变得越慢，当一个物体达到光速时，时间就会停止。正由于此，全速奔跑的闪电侠才能冲破过去、现在与未来之间的界限，从大魔王手中拯救世界。闪电侠这不可思议的速度从何而来？寻根溯源，他正是神使赫耳墨斯的后裔！所以，无论世界上一天有多少人死去，赫耳墨斯都能轻轻松松地把他们领入冥府。对这位亡魂接引者来说，两次踏进同一条河流，从来就不是什么难事。

☿ 天降神偷

赫耳墨斯是自己从母亲迈亚的肚子里跳出来的。当初，为了躲避天后赫拉的熊熊怒火，迈亚女神东躲西藏，终于在阿卡狄亚地区库勒涅山一处僻静幽深的洞穴里生下了赫耳墨斯。赫耳墨斯呱呱坠地的那一刻，就展现出了令人目瞪口呆的智慧与才华。

"妈妈，这里太黑了！"伴随着石头的敲击声，火星从黑暗中迸出，点燃了一堆稻草，照亮了洞穴。

"真棒！父亲，您看见了吗？我生了个天才！"迈亚把孩子高高举过头顶，快乐地旋转起来。

"妈妈，快放我下来。我要出去探险了，您可别想我。"赫耳墨斯说。

| 《阿波罗、墨丘利与风景》，洛德·洛兰绘

　　刚刚走出洞口，赫耳墨斯就发现了一只正懒洋洋晒太阳的大乌龟。他拍了拍龟背，说："对不起，你虽然长寿，但也有死去的一天。如果你肯把龟壳借给我做一把琴，人们将永远传唱优美的乐章。"

　　乌龟听懂了婴儿的话，吓了一大跳，拼命逃向不远处的水塘。可不要说乌龟，就连速度最快的鹰也比不过赫耳墨斯。剥下龟壳后，赫耳墨斯又拿牛肠、牛角绑在龟壳上，制作出了第一把里拉琴。

轻风拂过赫耳墨斯的脸庞，他奏出欢快的音符。婴儿走在色彩斑斓、香气弥漫的花丛中，不知不觉来到一处青草茂盛的山谷。他在这里发现了一大群牛。"多美的牛呀！"赫耳墨斯不由得发出惊叹。

赫耳墨斯精心挑选了五十头健壮的牛，把它们赶往自己出生的洞穴。为了蒙蔽牛群的主人阿波罗，赫耳墨斯在牛蹄和自己的腿上捆了芦苇与树枝，然后带领牛群倒退着走。这样，不仅扫去了大部分蹄印，还制造出牛群正一步步向牧场走来的假象。

赶牛回家的路上，赫耳墨斯与一位名叫巴图斯的农夫撞了个正着。他牵出一头牛，说："老爷爷，这头牛送给您，千万不要告诉别人我来过这里！"

"放心吧，孩子。"巴图斯点点头，笃定地指向身旁的一块大石头，"我会像石头一样严守秘密。"

赫耳墨斯吹着婉转动听的口哨走远了。不一会儿，他又变成阿波罗的样子折返回来，试探着询问老农："你有没有见过一个小孩赶着牛群经过这里？如果你能给我指出牛群的去向，我就送给你一头最好的牛。"巴图斯两眼放光，当即把婴儿赶牛经过的事情一五一十地说了出来。赫耳墨斯看到老农如此言而无信，一怒之下把他变成了一块石头，让他永远缄默下去。这就是"试金石"的由来，它告诫我们应当谨守诺言，决不做卑鄙的告密者。

西天被落日染成玫瑰色，赫耳墨斯也赶着牛群回到了库勒涅山。他将牛群藏在山洞里，挑出其中两头，用火烤熟后分成十二份。他将其中十一份献给奥林匹斯山上的十一位主神，第十二份则留给自己。他大大咧咧地把自己当成了十二主神之一。在和母亲美美地饱餐了一顿牛肉后，赫耳墨斯把内脏和骨头统统烧成灰烬，随即他钻入摇篮，又成了天真无邪的婴儿。赫耳墨斯盗窃手法精妙，清理现场不留痕迹，还信心满满地自封为主神，这让终日提心吊胆的小偷们扬眉吐气。自此，赫耳墨斯一偷成名，成了全地中海小偷们顶礼膜拜的"偷神"。

☿ 最佳辩手

　　这群牛是阿波罗的圣物。看到牛失窃了，他勃然大怒："竟偷到我阿波罗头上来了？让你后悔也来不及！"阿波罗很快冷静下来，蹲在地上仔细研究作案现场留下的蹄印。可无论他的目光怎么敏锐，也无法从蛛网似的刮痕、凌乱的尘土里找出任何有价值的线索。更令阿波罗哭笑不得的是：从仅剩的蹄印来看，这群牛根本没有走远，而是一步步朝着牧场走来！

　　"这小偷真是不简单，"阿波罗暗自忖度，"我必须把看家本领拿出来了。"这位预言之神望向天空，发现一大团浮云迅速朝西边飘去，一只小小的游隼迅疾地俯冲向猎物，蓝黑色的羽毛闪着微光……他据此解读出一连串信息：阿卡狄亚、库勒涅、婴儿、牛。"绝对不会错！"阿波罗湛蓝的双眼中射出寒光，"好戏就要开始了。"

　　第二天中午，阿波罗怒气冲冲地找上门来，冲着摇篮里的婴儿大吼："终于抓到你了，把我的牛还给我！"

　　"阿波罗，你疯了吗？"迈亚挡在了摇篮前面，"孩子正在睡觉呢！"

　　"孩子？"阿波罗一脸不屑，"再小的贼也是贼！"

　　赫耳墨斯刚吃完一顿牛肉大餐，他面色红润，长长地伸了个懒腰："阿波罗，什么是牛呀？我第一次听到这个字。"

　　"你真是个天生的演员。"阿波罗狠狠地盯着他，"你以为把蹄印扫掉就够了？我是谁？预言之神！把我的五十头牛还给我！不然，马上送你去见冥王哈得斯！"

　　赫耳墨斯不慌不忙地说："我昨天刚刚生下来，根本就不知道牛长什么样子，我怎么偷你的牛？不信你四处找找，这里有牛的影子吗？"婴儿扑闪着清泉般的大眼睛，无比坦诚地和他对视："阿波罗，我们都是宙斯的儿子，你还是我哥哥，你怎么能欺负我这个刚生下来的小弟弟呢？"

群星与众神
天文浪漫神话

一番振振有词的辩解，把阿波罗噎得满脸通红。这件事传开后，全地中海的演说家和骗子都对赫耳墨斯敬佩有加，把他尊奉为雄辩和骗术之神。看完这场精彩的对峙，宙斯哈哈大笑，亲自前来为两个儿子调解："赫耳墨斯，你就不要闹了，把牛还给阿波罗吧。我决不让他为难你和你的母亲。"

"好的，父亲，"赫耳墨斯跳出摇篮，直扑宙斯的怀抱，"带我去奥林匹斯吧！第十二个宝座正空着，在等我呢！"

得到宙斯的允诺后，赫耳墨斯开心极了，他蹦蹦跳跳领着阿波罗去找被藏起来的牛群。一路上，赫耳墨斯奏响悠扬的里拉琴，他歌唱烂漫繁花，歌唱璀璨群星，歌唱航船驶过重洋，歌唱金色阳光照拂的生命……

阿波罗听得如痴如醉，他眼底映现出原野、天空、大海、人鱼、飞鸟、宁芙……轻柔曼妙的乐声一直流到他的心坎里，有如深沉的幻想，有如美丽的梦境。

"牛群我不要了，这把琴给我吧。"阿波罗的文艺热情被点燃了。

从此以后，阿波罗对里拉琴爱不释手，创作出一首首打动灵魂的优美乐曲，被世人尊奉为文艺之神。乐器和牛群的交换，促成了赫耳墨斯与阿波罗之间的友谊。这也是传说中世界上的第一笔交易，赫耳墨斯因此被誉为商业之神。直到今天，西方国家依然常常在银行、商行、轮船公司门口竖立赫耳墨斯的雕像，作为行业的精神指引。

《阿波罗的故事：阿波罗与墨丘利》，诺埃尔·科瓦贝尔绘

☿ 偷神的游戏

《伊索寓言》里有一则趣闻：赫耳墨斯一心想知道自己在人间多受尊重，于是化作凡人，来到一位雕刻家的店里。他先看见宙斯的雕像，问道："这个多少钱？"雕刻家说："一个银币。"赫耳墨斯又笑着问："赫拉的值多少钱？"雕刻家说："还要贵一点。"这时，赫耳墨斯看见了自己的雕像，心里美滋滋的，他想自己身为众神的使者，又是让商人财源滚滚的商业之神，肯定比他俩更贵！于是，赫耳墨斯便指着自己的雕像问："这一位多少钱？"雕刻家回答："如果你买了那两个，这个白送。"伊索透过赫耳墨斯的故事来告诫人们，无论你有多么了不起，也千万不能自鸣得意。

在中国文化中，鸡鸣狗盗之辈向来不受待见，希腊罗马世界也严禁任何侵犯私有财产的行为。可为什么偷神赫耳墨斯却如此受人欢迎呢？这是因为他虽偷窃却不为占有财物。他非但不偷穷人，反而对穷人很慷慨。他选择的偷窃对象基本上都是神通广大的神，比如他偷阿波罗的牛群，偷阿瑞斯的长矛，偷阿芙洛狄忒的金腰带，偷波塞冬的三叉戟，偷赫菲斯托斯的火钳，等等。一旦恶作剧结束，他很快就会物归原主。

赫耳墨斯的神偷绝技，在一些危急时刻还起到了力挽狂澜的作用。在宙斯与怪兽堤丰的战斗中，起初宙斯战败，被怪兽堤丰抽了筋，是赫耳墨斯把父亲的筋偷了回来，宙斯才能够重新战斗，最终击败了堤丰。战神阿瑞斯被巨人打败，被捆得结结实实丢进铜瓮里长达十三个月，多亏赫耳墨斯将他偷出，否则战神可能至今不见天日。特洛伊的大英雄赫克托耳力战而死，尸体遭到阿喀琉斯丧心病狂的羞辱，也是赫耳墨斯带领英雄心碎的老父亲、国王普里阿摩斯进入戒备森严的敌军营帐，向阿喀琉斯讨还了王子残缺的尸身。

☿ 偷神的儿女

正如绝大多数希腊神，赫耳墨斯的情史十分丰富，他与不同情人生育了许多孩子。他的后代才能出众，比如牧神潘拥有他的音乐才华，奥托吕科斯拥有他的偷盗术，奥德修斯拥有他的智慧与狡黠……

阿芙洛狄忒是赫耳墨斯的情人之一，他们爱情的结晶名叫赫玛弗洛狄忒（Hermaphroditus），这个复杂的名字由赫耳墨斯（Hermes）和阿芙洛狄忒（Aphrodite）组合而成。赫玛弗洛狄忒是个俊朗青年，他在湖中游泳时，被一个宁芙疯狂地爱上了。宁芙不顾他的极力反抗，贴在他身上，他怎么也无法挣脱。

宁芙的执着竟然感动了众神。他们一致同意让这两个身体合二为一，兼具男女特征的双性人（hermaphrodite）就此诞生。这就是希腊神话对雌雄同体的解释。

第四篇　金星
阿芙洛狄忒：灵肉祭坛

金星是一颗爱与美之星。古希腊人痴迷于金星的灿烂光辉，将它归属于爱与美的女神——阿芙洛狄忒。长久以来，人们都把这颗行星想象成一片生机勃勃的沃土。直到太空时代开启，天文学家方才了解到，在浓密的大气层下，金星是一个炙热而焦灼的世界，像极了阿芙洛狄忒炽烈的爱情。

| 金星,"麦哲伦号"探测器拍摄。　来源：NASA

♀ 火热的姐妹

　　金星是太阳系中距离我们最近的一颗行星。它无论体积、质量还是密度都与地球相差无几，有如地球的姐妹。因此长期以来，许多心系星空的人都对这颗行星怀有无限遐思。由于到太阳的距离比地球近了大约 4 000 万千米，在天文学家的猜测与科幻作家的想象中，这颗星球的环境应该与地球的热带很像，拥有广阔的海洋、坚实的陆地、荒芜的沙漠与繁茂的雨林，当然，也少不了与人类相似的智慧物种——金星人。

1643 年，意大利天文学家乔万尼·里乔利在用望远镜观察金星时，意外地在金星背向太阳的一侧发现了一抹若隐若现的神秘光晕，将之称为"金星灰光"。我们从地球上眺望月球，也能发现类似的灰光现象，即"新月抱旧月"。月球灰光是源于地球向月球反射的太阳光，而没有任何卫星环绕的金星，为什么也会在某些夜晚发出微微的灰光呢？这至今依然是个未解之谜。近四百年间，学者们对金星灰光提出了诸多解释。其中最有趣的是 19 世纪初德国天文学家弗朗茨·冯·保拉·赫鲁伊特惠森的假说：金星上有着繁荣而灿烂的文明，每当政府更迭或有宗教活动时，人们都会兴高采烈地燃放大量烟花，把金星的夜晚照耀得如同白昼。

直到 20 世纪下半叶，苏联"金星号"探测器和美国"水手号"探测器先后穿越厚厚的大气层抵达金星表面，向地球传回实地的观测数据，金星的真实面目才被揭开。整个世界为之震惊：原来天文学家们一直憧憬的金星既不是风暖日丽的爱琴海，也不是生机勃勃

| "水手 10 号"探测器拍摄的第一张金星特写，1974 年 2 月 5 日。来源：NASA

的塔希提岛，而是一片火山密布、熔岩汹涌，充斥着硫黄味道的炽热地狱！

金星地表温度高达 420 至 480 摄氏度，是太阳系最热的行星，比距离太阳更近的水星还要热。如果在金星地表放上一块锌，它很快就会熔化成一摊液体。在金星的大气中，96.5% 是具有温室效应的二氧化碳，此外还有少量的氮气与硫酸云。这层大气吸附了大量的热，使它不能向太空逃逸，因此金星表面就像阿芙洛狄忒的爱情一样炽烈，还时常落下具有强烈腐蚀性的酸雨。

然而，金星也曾有过宁静温柔的过往。在 20 亿年前，太阳尚未释放出今日这般强烈的光和热，那时的金星就如同现在的地球，可能拥有波光潋滟的汪洋大海。但随着时间推移，太阳愈发明亮、炙热，金星上的液态水不断蒸发，原先溶解在水中的二氧化碳释放进大气，并形成了一个循环：金星温度升高——海洋蒸发加剧——温度进一步飙升。终于，在失控的温室效应下，液态水蒸发得一滴不剩。

| 2012 年的金星凌日，由太阳动力学天文台拍摄。　来源：NASA

♀ 天空之城

金星拥有非常厚的大气层，这一度被认为是它能够孕育生命的必要条件。但正所谓过犹不及，金星的气压太大了，约是地球气压的 90 倍，相当于人背负一辆坦克。如果不小心到了金星，我们就会被烤焦和压碎！

但是，在金星地表以上 50 至 60 千米处，情况却大为不同。这里的气温维持在 20 至 30 摄氏度之间，气压也与地球海平面上相近，是太阳系里目前所知气候最接近地球的区域。人若在火星、月球等低引力环境下长期生活，肌肉会逐渐萎缩，骨骼会变得脆弱疏松，当再度回到地球时，会感觉自己如同背着沙袋一般不堪重负。但生活在金星半空中就可以免于这种担忧，因为金星的引力大约为地球的 90%。因此，这个气压和引力舒适、温度宜人、阳光充足的区域，可能适合星际移民。

从九重天的紫微宫，到《格列佛游记》里悬浮在空中的岛屿，再到宫崎骏深情描绘的"天空之城"，人们一次又一次把美好的心愿寄予云端的世界。随着科学技术的进步，这天马行空的设想未来有实现的可能。或许一座由巨型空间站构建的"天空之城"将悬浮在金星橘黄色的天幕中，与古巴比伦"空中花园"在时间之河的两岸迢迢相望，令星际旅行者心驰神往。

金星非常靠近地球，加上它的大气层会反射和散射太阳光，因而在天空中，金星是除了太阳和月球之外最明亮的自然天体。夜空中，金星亮度是最亮的恒星天狼星的十几倍；甚至在晴朗的白昼，我们偶然也能用裸眼捕捉到金星的光华，那是一个银白色的光点。

中国古人因金星的光时常有银白色，而将它称作"太白"或"太白金星"。它黎明出现在东方，称为"启明星"；黄昏又出现在西方，称为"长庚星"。这颗璀璨夺目的星在古希腊人眼中同样华

49

金星
阿芙洛狄忒：灵肉祭坛

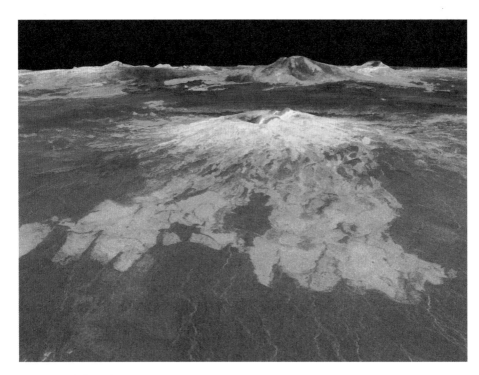

| 金星上的火山地貌。　来源：NASA

美高贵，他们将最美丽的女神——阿芙洛狄忒与它联系起来。古罗马人称阿芙洛狄忒为维纳斯（Venus），也就是金星英文名"Venus"的由来。

♀ 美的诞生

阿芙洛狄忒诞生于海中浪花。天空之神乌拉诺斯被小儿子克洛诺斯所伤。没过多久，海面泛起泡沫。浪花中，一位少女浮出水面，她身姿柔美，芬芳袭人，秀丽的金色长发垂落腰际，肌肤洁白无瑕。

阿芙洛狄忒诞生了！她既有迷人的美貌，又有炽热的情感，是爱与美的象征，有她的地方就有欢乐。因为出生在海洋中，她也被奉为航海者的保护神。阿芙洛狄忒的圣物是天鹅和鸽子，她的圣树是桃金娘。今天，我们所使用的女性符号♀也是金星的符号，它来自阿芙洛狄忒的梳妆镜。

在希腊神话中，美是生命深切的期待和终极的救赎。阿芙洛狄忒究竟有多美呢？无论过去、现在还是将来，阿芙洛狄忒永远都在选美排行榜的第一名。她是美的原型，是至高而永恒的，一切凡间的花容月貌都是这种绝对美的派生。可以说，阿芙洛狄忒诞生后才有了美，正如宇宙大爆炸后才有了时间。

阿芙洛狄忒的美让世人着迷。为了描绘她，一代代艺术家热血奔涌、灵感激荡，创作出令人屏息的杰作。其中最著名的一件当属卢浮宫的镇馆三宝之一——《米洛斯的维纳斯》（又名《米洛斯的阿芙洛狄特》）。从出土的第一天起，她就有如阿芙洛狄忒的本尊一般，俘获了每一颗爱美之心。有人从她的双眸中找到对世界的爱，有人在她的姿仪前重思命运。当你凝视着阿芙洛狄特时，也感受到青春的气息与生命的活力了吗？

《米洛斯的维纳斯》，由阿里山德罗斯作于约公元前 150 年。 来源：wiki commons

♀ 囚笼中的婚姻

拥有绝世美貌的阿芙洛狄忒，却有过一段不大愉快的婚姻。自从来到奥林匹斯山之后，阿芙洛狄忒就如同磁石般牢牢吸住了众神的目光，其中最难以自持的就属神王宙斯了。她那绝美的姿态在神王的脑海中萦绕不去。不止一次，宙斯放下全部自尊，向她发

庞贝城壁画，描绘马尔斯诱惑维纳斯，侍女与丘比特 * 在侧，作于约公元前 1 世纪。　来源：wiki commons

出赤忱而热烈的告白，但是阿芙洛狄忒一丁点也不喜欢宙斯！她转而和宙斯最讨厌的儿子——战神阿瑞斯，也就是罗马神话中的马尔斯相爱了。

宙斯又妒又恨，决定给阿芙洛狄忒一个永生难忘的教训。于是，当奇丑无比的匠神赫菲斯托斯一拐一瘸地来到奥林匹斯山，请求宙斯与赫拉给予他一位爱人时，宙斯当场指定阿芙洛狄忒与他成婚！赫菲斯托斯做梦也想不到自己居然有一天能牵起阿芙洛狄忒的纤纤玉手，他痛哭流涕，感激命运的恩赐。赫菲斯托斯深知自己丑陋、残疾，配不上美丽的妻子，便终日在奥林匹斯山的铁匠铺中忙忙碌碌地敲打，一心想用真情和汗水来感动爱人。匠神最大的企

---

* 丘比特，厄洛斯在罗马神话中对应的神。

盼，就是制作出一件又一件光彩亮丽的首饰，博取娇妻的嫣然一笑。但阿芙洛狄忒始终冷得像一块冰。

"与其在悬崖上展览千年 / 不如在爱人肩头痛哭一晚"爱情不可以买卖，被强行指定的婚姻是不公不义的。敢爱敢恨的阿芙洛狄忒反抗了命运。每当奥林匹斯山上的铁匠铺里响起叮叮当当的敲打声，她就立即敞开大门迎接阿瑞斯。

为什么赫菲斯托斯付出一片真心，阿芙洛狄忒还屡屡红杏出墙？这与爱神的天性有关。她的美是感性的，追求的是感官上的愉悦。因此，尽管赫菲斯托斯有许多优点，比如勤劳、聪明、专一，但他相貌丑陋，所以阿芙洛狄忒永远也不可能爱他。而战神阿瑞斯粗野、蛮横、冲动，可就因为他英俊威武，阿芙洛狄忒便一次次情不自禁地投入他的怀抱。

另一位著名女神——雅典娜则诞生自宙斯被劈开的头脑，这就注定了她与智慧有着天然的关联。与阿芙洛狄忒的感性美相对，雅典娜的美是一种心灵层面的知性美。她们之间的差异昭示着灵与肉古老而深刻的二元对立。

日月当空，无所不察。随着爱神与战神幽会之事被太阳神阿波罗告发，这桩婚姻走到了尽头。阿芙洛狄忒离婚后，把炽热的情感赠予整个世界，阳光更加灿烂，花朵也更加鲜艳了。无论她走到哪里，百兽都会温柔地贴服在她身旁，成群的蝴蝶围绕她翩翩起舞，就连海洋中的水族也不顾生命危险，跟随阿芙洛狄忒攀上陆地，只为多看她一眼。后来，阿芙洛狄忒接连交往了战神阿瑞斯、海神波塞冬、神使赫耳墨斯、酒神狄俄尼索斯等许多位情人。但她心中最爱的却是一位凡间的美男子——阿多尼斯。

♀ 染血之花

阿多尼斯玉树临风，英朗强健。他那优雅的身姿和超然的美貌令世间万物失色，就连美的本尊——阿芙洛狄忒也逃不过他致命的吸引力。

　　阿芙洛狄忒是爱神，只要爱上一个人就会付出全部真情。但阿多尼斯就像大多数希腊青年，他更渴望自由不羁地奔跑狩猎。于是女神放下高贵的身段，换上了一身猎装，和他一起翻山越岭。只要能和阿多尼斯在一起，阿芙洛狄忒哪怕风餐露宿，也幸福极了。

　　这对恋人谁也没注意到，战神阿瑞斯早已气急败坏，只等一个时机，好把满腔怒火喷向自己的情敌。

　　这天日光灼灼，没有一丝风，阿芙洛狄忒心中隐约掠过不祥的预感。她急忙叮嘱阿多尼斯："亲爱的，我要赶往塞浦路斯去接受献祭，可我不放心你独自狩猎！今天你不要去打猎了。如果你受了伤，我会比你疼痛百倍！答应我吧，我的爱人。我爱你，每一天。"

　　可阿多尼斯毕竟血气方刚，一听见林中传来窸窸窣窣的声响，他就把女神深情的嘱咐抛在了脑后。阿多尼斯带着猎犬循声追赶上

| 《阿多尼斯之园》，约翰·迪克森·巴顿绘

去，发现了一头大野猪。他高兴极了！心想如果杀死这头猛兽，阿芙洛狄忒一定会赞美他的勇气。他用力掷出长矛，正中野猪的肩头！然而，这头野猪正是战神阿瑞斯所变，他眼底闪过阿多尼斯亲吻阿芙洛狄忒时的嘴脸，在旧恨新伤驱使下，野猪狂怒地直冲过来。

阿多尼斯镇定心神，放低身体重心，想要像舞者一样跳到野猪背上，抓住它的獠牙。可就在他跃起的同时，野猪也高高跃起，将獠牙深深扎入他的腹中。野猪拖着阿多尼斯飞奔了许久，直到他的血流干了，才猛地一甩头，把他抛在了地上。随后，野猪发出胜利的咆哮，一溜烟消失在了密林深处。

看见阿多尼斯惨死，阿芙洛狄忒整颗心都被痛苦吞噬了。她趴在阿多尼斯冰冷的身体上，绝望地说："我最爱的人，我的爱已经飘逝如梦。我恨不能和你一起死去。"

阿芙洛狄忒的眼泪混着阿多尼斯的鲜血渗入泥土，绽放出朵朵鲜花，这就是银莲花。银莲花是开不长久的，有时一阵风吹来，花瓣就会漫天飞舞，如同阿多尼斯短暂而美丽的生命。失去了生命中最美好的部分，阿芙洛狄忒陷入无边的痛苦，她无心妆饰自己，赤着脚、披散着头发，如一道苍白的影子在大地上游走。就在穿过一片白玫瑰花丛时，花刺深深嵌入她的肉里，鲜血滴落进整丛玫瑰。从此世间有了象征爱情的红玫瑰，这是由女神的鲜血所染红的，花语就是阿芙洛狄忒的心声，"我爱你，每一天"。

♀ 爱情信仰

在血雨腥风的战场上，阿芙洛狄忒的能力并不突出，她甚至会被凡人击伤。但她拥有不可抗拒的爱情魔力，契合了人类心底深切的渴望，因而位列奥林匹斯十二主神之一。在希腊神话中，阿芙洛狄忒的影响无处不在，比如宙斯就时常把自己四处拈花惹草的原因归结于她。那场史诗般的特洛伊战争，也是由于她的诱惑超过赫拉、雅典娜，点燃了特洛伊王子帕里斯与斯巴达王后海伦之间的熊熊爱火。

爱美之心人皆有之，希腊众神也不例外。当初，天后赫拉、智慧女神雅典娜、爱神阿芙洛狄忒这三位高贵、迷人的女神，为了一枚象征"最美女神"的金苹果争执不下，于是神王宙斯决定让心地纯真的特洛伊小王子帕里斯作出评判。就在帕里斯惊讶于三位女神的美貌之际，她们为了得到这枚璀璨生辉的金苹果，各显神通向帕里斯抛出诱人的条件：赫拉愿意赐予他人世间至高的权柄；雅典娜答应授予他卓越的智慧；阿芙洛狄忒则请他闭上眼睛，在他耳边轻声说"我会让你和全世界最美丽的女人相爱"。在权力、智慧和爱情之间，帕里斯义无反顾地选择了爱情。于是一夜之间，他与斯巴达王后海伦坠入爱河并相约私奔，这也为后来希腊联军征伐特洛伊提供了完美的借口。

三千多年来，这个故事激起了人们无穷无尽的遐想。有人嘲笑帕里斯是个恋爱脑的傻瓜，居然把爱情看得重于一切；也有人扪心自问，如果是自己，会为了权力、智慧而舍弃美好的爱情吗？当然，这个问题与每个人内心的价值排序有关，不可能存在标准答案。就请闭上眼睛，试想如果此刻你是帕里斯，正捧着那枚金苹果，你又会在三位女神的允诺间作出什么样的抉择呢？

战争开始后，尽管希腊一方人多势众，阿芙洛狄忒还是坚定地支持特洛伊人。这是因为她与凡间情人安喀塞斯生育的儿子——埃涅阿斯，是一位骁勇善战的特洛伊将领。当希腊人用木马计攻破高墙，特洛伊被大火焚烧时，埃涅阿斯带领一部分幸存者逃了出来。传说，他们辗转来到意大利南部，成了罗马人的祖先。罗马名门恺撒家族，就骄傲地宣称自己是阿芙洛狄忒与安喀塞斯的后裔。

情自始至终都为人所渴慕。古代地中海世界里为情所困、为情所伤、为情日日夜夜魂牵梦绕的人们，都会向阿芙洛狄忒女神发出真诚的祈祷，女神也会敞开胸怀，祝福天下所有坠入爱河之人，就像她祝福了皮格马利翁与雕像女郎。

"泛泛杨舟，载沉载浮。既见君子，我心则休。"千秋万古，木石的建筑终归坍塌，但所有的眷恋注定留下烙印。如今，大理石与雪松构筑的阿芙洛狄忒神庙，纷纷成了时光淘洗下的断壁残垣，然而爱情祭坛必将燃烧到历史的尽头。一位老者，在生命最后一刻记起情人的温存；一对恋人，在黎明相拥醒来；一个婴儿，被爱情带入世间……

第五篇　地球
盖亚：生命方舟

　　地球，目前所知宇宙中唯一存在生命的地方。它以辽阔而丰饶的身躯孕育众生，承载众生。古希腊人满怀感激之情将大地想象成母亲，呼唤她为创世母神盖亚。可以说，在人类将生命的火种撒向群星之前，一切传说、一切历史、一切当下与未来都在盖亚的怀抱中徐徐展开……

| 全数据层地球，由多卫星数据合成。　来源：NASA

⊕ 水从哪里来？

起初，在太阳系中，无以计数的颗粒疯狂碰撞，它们彼此吸引、纠缠、融合，不断变大变重，终于成长为一颗颗原行星。其中有一块岩体，就是地球的前身。

早期地球如同经历了一场高热，体温达到 2 000 摄氏度以上。岩浆有如沸腾的血，在大地女神的身躯上昼夜涌流。经过大约一亿年的冷却，一层薄薄的岩石地壳与一层厚厚的硅质地幔形成了。重金属迅速下沉，汇聚为一个极密、极热的铁质地核，地核中心温度高达 6 000 摄氏度，堪比太阳表面！这就是我们独一无二的地球，天使般的美貌下有一颗炽热的心。

如果地球有记忆，一定不会忘记大约 45 亿年前的那段经历。一颗火星大小的不速之客猛烈地撞上了还处在熔融状态的地球，一大团地球熔岩被抛入太空，又历经数亿年时光的打磨，这部分岩体愈发温润美丽，终于成为人们诗中的月亮。不仅如此，"大碰撞"还将地球推至现今的轨道，使得地球绕日公转的速度变得更快，就连地轴也被撞歪了，与公转轨道面构成一个 66 度 34 分的夹角。自那以后，地球上有了季节变化：春光烂漫，夏日蓬勃，秋意深沉，凛冬肃杀。一切都奇迹般地恰到好处。

1968 年 12 月 24 日，在"阿波罗 8 号"飞船绕月飞行途中，宇航员透过舷窗拍下了地球的美丽瞬间，这是第一张从太空拍摄的地球彩照，被命名为"Earthrise"（地升）。照片中，这颗轻笼着白云

| "地升"景象，"阿波罗 8 号"飞船的宇航员拍摄。　来源：NASA

纱幔的蔚蓝色星球，孤零零地悬浮在广袤而黑暗的太空中，美得令人心碎。从太空望去，地球才是名副其实的"水星"，表面大约有四分之三的面积被水覆盖。从生命的诞生到文明的起源，统统离不开水的滋养。那么，这些水从何而来呢？

有一种理论认为，组成原始大气的水蒸气等气体是通过火山活动从地球内部喷涌出来的。初生时火热的地球冷却到一定程度，大气中的水蒸气便凝结成雨滴，铺天盖地地倾泻下来，持续数百万年之久。雨水注满了地球表面的低洼之处，原始海洋就此形成。还有一种更加浪漫的理论认为，水来自他方世界。在最初的 5 亿年中，一颗又一颗含水的彗星直扑大地女神盖亚，粉身碎骨，却从此为大地蒙上了一层氤氲的水蒸气面纱。

⊕ 生命的旅程

高更有一幅神秘而恢宏的画作——《我们是谁？我们从哪里来？我们到哪里去？》。这也是哲学上的终极叩问，没有人能给出

| 《我们是谁？我们从哪里来？我们到哪里去？》，保罗·高更绘

| 《海洋生物》，克里斯蒂安·舒塞尔绘

完美的答案。在茫茫宇宙中，人类是孤独的吗？自 20 世纪中叶太空时代开启以来，科学家们一直在努力寻找地外生命的蛛丝马迹，可至今连最简单的微生物也没有发现，更不用说有智慧的外星人了。究竟是什么原因让地球如此与众不同，到处充满多姿多彩的生命呢？

楚人宋玉在《登徒子好色赋》中描绘一位稀世美人："增一分则太长，减一分则太短；著粉则太白，施朱则太赤。"地球不正是这样吗？如果离太阳近一点，就会像金星或水星那样被炙烤，液态水蒸发殆尽；如果离太阳远一点，液态水又会像在火星上一样被冻结；如果稍微轻一点，引力就不足以阻止大气逃逸，难免成为月球般失去大气的岩石星球；如果稍微重一点，又会吸附过于厚重的大气，致使气压过大，变为金星那样的炼狱。不仅如此，地球上稳定的磁场、恰如其分的海陆占比、地月之间的潮汐牵引等一系列因素令人难以置信地搭配在一起，才终使地球孕育出不可思议的生命。

经过数十亿年的光阴流逝，生命形式越来越复杂，软体动物钻出海沙，三叶虫在一片幽蓝中泅泳，一条勇敢的鱼攀上陆地，霸王龙发出震天的嘶吼……

⊕ 万物的祖母

地球在罗马神话中用大地女神忒拉来指代，忒拉则源于一位异常古老的希腊神——大地女神盖亚。盖亚作为大地的人格化身，既是最初的创世神，又是众神的母亲，因此我们谈论盖亚时，必须上溯到万物的伊始。

那时，天空、海洋和大地的轮廓尚无从辨认，没有神界与凡间的悲喜，也没有年复一年的怒放与凋零。宇宙的开端是无边无际的混沌与空茫。这片原始的混沌被称为"卡俄斯"，它是虚无和万有

| 《卡俄斯》，伊万·艾瓦佐夫斯基绘

的源头。卡俄斯阒寂无声。然而，在它内部，土、气、水、火这四大元素，以及某些更为神秘之物正一刻不停地汇聚、碰撞、变幻、交织。这些微妙之物刚刚激荡出不可思议的形貌，转瞬又湮灭于亘古的虚无。

忽然，一股原始悸动从卡俄斯内部萌发了。接着，一道前所未有的强光撕开了浩瀚长夜，大地女神盖亚就这样从卡俄斯中诞生了。

老子在《道德经》中说："天下万物生于有，有生于无。"如果我们把卡俄斯看作"无"，那么盖亚就意味着最初的"有"。盖亚代表哺育一切生命的自然伟力，她率先从宇宙开端的卡俄斯中诞生，性质与卡俄斯截然相反。她不是一大团漆黑、混乱、茫昧，而是有了明确的形态，以坚实稳固的身躯，为人类、动物、植物等一切生灵提供生存栖居的场所。可以说，在人类将生命的火种撒向群星之前，一切传说、一切历史、一切当下与未来都在大地女神盖亚的怀抱中徐徐展开。

从卡俄斯中诞生后，盖亚每时每刻都在向四面八方伸展，愈加坚实而辽阔。她富有蓬勃旺盛的生机，既可以单性生殖，又可以双性生殖。在没有男神帮助的情况下，盖亚就独自生育了天空、海洋和山脉三位神。天空乌拉诺斯与她遥遥相望；海洋蓬托斯在她耳畔澎湃，大水潜藏着无尽的幽蓝与神秘；山脉乌瑞亚从她身旁隆起，高耸着巍峨的绝壁和白雪覆盖的峰顶。不仅如此，她还孕育出葱葱郁郁的森林、雨雾凄迷的沼泽、辽远肥沃的原野……世界一天比一天丰满，可盖亚的心底始终盘踞着某种难以言喻的孤独。

⊕ 天与地的羁绊

一阵清凉的风拂过，乌拉诺斯的爱火被点燃了。他深情爱恋着盖亚。盖亚怀孕，腹中挤满了孩子。这些孩子包括六位男性和六位女性提坦神，克洛诺斯是其中最年幼的。在十二位提坦神之外，盖亚还与乌拉诺斯孕育了三个独眼巨人，他们分别拥有霹雳、惊雷和闪电的力量，以及三个力大无穷、拥有一百只手臂和五十个脑袋的百臂巨人。

但是，天空之神乌拉诺斯不允许任何有可能威胁到他的孩子来到世间，他把一个个挣扎着想要脱离母亲的孩子强行塞回母腹。提坦和巨人们在盖亚的肚子里没日没夜地翻滚、撕扯、抓挠，盖亚腹中绞痛，呼吸困难，在汗水中呻吟不止。可自私自利的乌拉诺斯对盖亚的痛苦不闻不问。终于，盖亚再也无法忍受了，仇恨在她心底如同野草般疯长，取代了往昔的爱意。

"乌拉诺斯在侮辱和伤害我们所有人。我强大的孩子们，你们是伟大的提坦和巨人，起来反抗吧，狠狠惩罚你们疯狂的父亲！"盖亚呼唤自己受困的子女。

所有提坦和巨人都吓得呆住了，他们面面相觑，谁也不敢站出来反抗天空之神。此时，克洛诺斯嘴角划过一抹狡黠的笑："妈妈，我有个好办法。"他不紧不慢地说出计划，眼中闪烁着兴奋的光芒。

盖亚听后，取出一柄巨大的镰刀，将它交到克洛诺斯手中。这柄镰刀由金刚石所铸，它可以斩断岩石、金属，无坚不摧。于是克洛诺斯潜伏在大地深处，静静等待时机到来。就在乌拉诺斯再次热烈地拥抱盖亚时，克洛诺斯忽然挥动镰刀。刀刃迅疾地在空中画出一道弧线，砍伤了乌拉诺斯。

伴随着创世以来从未有过的凄厉哀号，乌拉诺斯猛然跃起。他扭过头，看到小儿子克洛诺斯正握着一柄滴血的镰刀。天空之神强忍剧痛，将所有愤恨化为一句诅咒："克洛诺斯，我诅咒你！你将重蹈我的命运，被你的孩子毁灭！"说完，身受重创的乌拉诺斯卷起一阵飓风，飞速逃走了。

于是天与地分开了，盖亚终于能够自由地呼吸，她的儿女也拥

| 《胜利女神、雅努斯、
克洛诺斯和盖亚》，
朱利奥·罗马诺绘

有了纵情舒展的空间。这就是希腊版本的开天辟地，是不是很特别
呢？有时我不禁会想，如果克洛诺斯的镰刀撞向盘古的巨斧，那一
瞬间迸溅出来的火花应该堪比超新星爆发吧！

⊕ 毁灭与新生

在中国古人看来，大地襟怀广阔，如母亲一般无私地承载着生
灵万物，于是人们把抟土造人、炼石补天的女娲当作创世母神来崇
拜供奉，与古希腊人对大地女神盖亚的尊崇惊人地相似。然而，相
比温柔敦厚的女娲，盖亚还多了冷酷无情的特点，她是光明与黑
暗、慈悲与愤恨、创造与毁灭的共同体。她提醒我们不要忘记大自

然具有两面性，既可以温情脉脉地赐予阳光雨露，又暗中涌动着破坏性力量。一次大型火山喷发或者毁灭性地震转瞬间就能吞噬鲜活的血肉。

作为众神之母，盖亚疼爱自己的每一个孩子。这份爱如此深沉，如此炽烈，以至于她不愿让任何一名子女受到侮辱与损害。所以每当众多的子孙之间爆发冲突时，她总是站在受难的一方。盖亚先是帮助儿子克洛诺斯推翻了自私专断的父亲，之后又协助孙子宙斯打败了冷酷残忍的儿子。不久，她又开始同情儿子们被宙斯击败后的遭遇，再一次怒火中烧，决心不惜一切代价毁灭宙斯，于是生了百兽之王堤丰。就这样，总在理智和情感之间挣扎徘徊的盖亚一次次诱发子孙间残酷的大战。

希腊众神遗传了盖亚敢爱敢恨的性格。他们怀有各不相同的理想和愿望，尽情表达自己的爱恨情仇，只为追求美与荣耀，绽放自己的生命。正是有了这些富有感性色彩的神，希腊神话才充满率真的情感与明朗欢快的色调。和凡人相比，众神除了神力广大且能永生之外，从外表到心灵都一模一样。

| 奥古斯都和平祭坛浮雕，描绘大地女神忒拉，作于公元前 13 年。
来源：wiki commons

奥林匹斯宗教曾在地中海地区兴盛了 1 500 年左右，男女老少载歌载舞，尽情演绎诸神的动人传说。时至今日，宙斯、阿波罗、雅典娜、阿芙洛狄忒等著名的神已然转化为文学故事中的形象，而众神之母盖亚也被赋予了新的意义与解读。

20 世纪 60 年代末，科学家詹姆斯·洛夫洛克提出了一个观点：地球本身就是一个超级生命，一个巨大的有机体；生物圈、大气圈、水圈、土壤圈交织，同体共生；我们人类既不是地球的主人，也不是地球的管理者，仅仅是地球母亲众多子女中的一员，她的健康有赖众生的共同调节。这一理论有一个与之匹配的响亮名字——"盖亚假说"。

几十年间，盖亚假说持续引发科学界的热议，有学者以神谕般的口吻告诫世人：地球上的生命已发生过多次大规模灭绝，我们对自然的任性索取仅仅在表面上伤害了盖亚，可是盖亚终究比人类强大得多；如果对自然的伤害到达临界点，大地女神就会以一场天雷地火，把身体上疯狂扩散的病毒扫荡一空；届时人类文明很可能走向终点，而大自然又会恢复平衡，盖亚将迎来自己美丽的新生。

这一天会来吗？

第六篇　火星
阿瑞斯：浴血战魂

火星，一颗尘土飞扬的岩石行星。它在夜空中呈现血红色，因而被古典时代的人们看作不祥之兆，在群星里承受着最多的误解和非议。古希腊人、古罗马人将它与战神联系在了一起。

| 早期火星与当前火星对比，艺术概念图。　来源：NASA

♂ 破碎的伊甸

　　火星是一颗尘土飞扬的岩石行星，乍一看好像地球上碎石嶙峋的沙漠戈壁。如果你黄昏时分从火星上醒来，或许恍然间会以为正置身地球上某个荒凉之境。可当你看见黄褐色的天空中低垂着一轮幽蓝的太阳时，那种熟悉感会立即被惊诧取代，原来地球已经在数万，甚至数亿千米之外了。

　　在八大行星中，火星仅仅比水星大一些，是第二小的行星。它的表面积约相当于地球上陆地面积之和，引力约为地球的八分之三。这意味着，在这颗行星上我们将会身轻如燕，能够更加自如地奔跑、跳跃。火星大气层非常稀薄，气压还不到地球的百分之一，所以千万不要一时兴起脱掉增压宇航服。

　　尽管火星面积不大，却拥有八大行星中最雄伟的山峰与峡谷。火星上最高的山是奥林匹斯山，它以希腊神话中奥林匹斯十二主神的居住地为名，傲视整个星球。这座火山在数亿年间持续涌出炙热的岩浆，熔岩层层累积，高度超过 21 千米，与之相比，海拔8 848.86 米的珠穆朗玛峰简直就是个小不点。

| 火星日落，"勇气号"火星探测器拍摄。　　来源：NASA

　　这座太阳系第一火山是否高不可攀呢？其实并不是这样。奥林匹斯火山虽高，但它占地面积达到惊人的 30 万平方千米，比整个英国还要大，因此它的坡度非常平缓，形同一面盾牌。我们与其说是在攀登它，不如说是在进行一场耗时数十天的徒步旅行，只要带足了氧气和补给，就可以在不知不觉间抵达它的峰顶！

　　火星上的峡谷同样令人叹为观止。水手峡谷绵延 4 500 千米，几乎可以纵穿中国。在它面前，青藏高原上的雅鲁藏布大峡谷如一道浅浅的水沟。水手峡谷是由火星地壳隆起、断裂形成的，因 1972 年由"水手 9 号"探测器发现而得名。它也是火星上最为醒目的地理标志，在地球上用天文望远镜观测，如同一道巨大的瘢痕。

　　火星自转一周的时间为 24 小时 37 分，与地球上一昼夜非常接近，它的自转轴倾角也和地球相差不到 2 度，这意味着火星上同样有四季的变迁。火星表面遍布流水冲刷的痕迹，包括缓慢侵蚀而成的蜿蜒河谷、大洪水留下的宽阔漫滩等等，表明这颗星球一度温暖而湿润。它有过稠密的大气层，河流与湖泊泛着粼粼波光，几乎三分之一的表面都被海洋覆盖。

　　甚至在一个世纪以前，从科学研究者到社会大众，不少人认为火星上业已演化出缤纷的生命，甚至诞生了和我们相似的智慧物

| 火星上的水手峡谷，由"维京"轨道飞行器于 1970 年代拍摄的多张图片合成。 来源：NASA

种——火星人。直到 1965 年 7 月，"水手 4 号"探测器在飞越火星途中，向地球传回了近距离拍摄的火星地表照片，那如月球表面般死气沉沉的景象，才击碎了人们所有关于火星文明的美好期待。

为什么构想中的生命绿洲会成为现实里的不毛之地？有人认为火星的核心逐渐冷却，导致它失去了磁场的保护；有人认为剧烈的太阳风或者灾难性的撞击摧毁了它的大气层；也有新的研究认为，火星环境的巨变是某种我们尚不知晓的微生物的"杰作"，它们大量消耗火星远古大气中的温室气体，从而酿成了火星气候大崩坏。如今，火星的平均温度低至零下 60 摄氏度左右，比地球的南极还要寒冷，液态水要么散逸到太空，要么冻结起来。火星地表遍布陨击坑、峡谷、沙丘和砾石，如同经历了一场末日之战。

♂ 明日家园

目前，在所有移民火星的宏伟蓝图中，最受热议的莫过于"硅谷钢铁侠"埃隆·马斯克的火星移民计划。他曾多次在会议、采访、社交媒体上讲述自己对火星的向往，甚至梦想能够被埋葬在火星上。马斯克把 SpaceX 公司"星际飞船"首次载人登陆火星的时间预定在 2029 年。那距人类首次登月恰好六十周年。登陆成功后，就要建立起一座能实现可持续运转的火星基地，并把地球上的生命逐步带去火星，让火星成为人类生息繁衍的第二家园。

| 火星上的宇航员，艺术概念图。　来源：NASA

生活在另一颗星球上听起来是件特别浪漫的事，不禁令人联想起在 B612 小行星呵护着玫瑰的小王子。可一旦付诸实践，我们所要面对的挑战会空前严峻。火星无疑是太阳系里环境最接近地球的行星，可即便如此，火星上自然条件最优越的地方也远远比不上地球上最恶劣的地方。低温、低压、高辐射、缺氧、席卷火星的沙尘暴等等，随时都有可能给定居者带来灭顶之灾。

既然死亡风险无处不在，为什么还要去其他星球，为什么不永远生活在地球母亲的摇篮中呢？正所谓"天地不仁，以万物为刍狗"，大自然从不在意人类的悲喜。放眼茫茫宇宙，地球不过是一座小小的孤岛，已经发生过多次物种大灭绝事件。当今，核战争、气候变化、超级火

| 火星表面，"好奇号"火星探测器拍摄。　来源：NASA

| 火星表面与"灵巧号"直升机，"毅力号"火星探测器拍摄。　来源：NASA

山喷发、小行星撞击等都有可能把一切摧毁。未雨绸缪的科学家和富豪们极力将人类装备得具备星际旅行能力和跨行星生存能力。这样，就算地球迎来终末时刻，人类文明与地球生命的火种依然可以在其他星球上徐徐燃烧。

人类富有求知欲，移民火星还有一个更加重要的理由——激发探索精神。纵观历史上那些大迁徙时代，无论智人走出非洲还是15到17世纪的"地理大发现"，人们一旦与昨日挥手作别，主动置身于广袤、陌生且充满挑战的环境里，往往能够"生于忧患"，在自力更生的过程中充分发挥创造潜能，进而实现思想的革新、工具的创新与科学的飞跃。可以想象，在不久的将来，我们会见证自己时代的哥伦布冲破地球引力登临火星，紧随其后的，将是一批又一批被与生俱来的好奇心所引领的科考者、探险者和移民。有一天，你也可能听见火星的召唤，那是探索精神的召唤，它曾指引我们的祖先一步步走向新世界，又将指引我们向着星辰大海进发。

♂ 天降灾星

"你说你孤独／就像很久以前／长星照耀十三个州府"火星是一颗很亮的星，亘古以来，它都在地球的夜空中苍凉地闪烁着。由于星球表面覆盖着一层赤铁矿，它视觉上呈现出猩红色，因而被世人看作不祥之兆，在群星里承受着最多的误解和非议。古埃及人称它为"红色之星"；古巴比伦人把它叫作"死亡之星"；中国古人认为它"荧荧如火"，预示着各种天灾人祸。古希腊人也不例外，他们将木星与奥林匹斯十二主神中主宰战争、杀戮与暴乱的阿瑞斯联系起来，称它为"阿瑞斯之星"。

阿瑞斯是神王宙斯和神后赫拉的儿子，容貌俊美却性格暴戾。他总是手执长矛，头戴铜盔，浑身上下散发着腾腾杀气。他一听见隆隆战鼓就按捺不住，一闻到血腥气息就心醉神迷，在战场上大开

阿瑞斯头像，大理石复制品，原作为青铜器，作于公元前420年。　来源：wiki commons

杀戒是他快乐的源泉。宙斯非常厌恶这个嗜血成性的儿子，他曾对阿瑞斯说："在奥林匹斯山所有神里，我最反感的就是你。你整天只知道战争与残杀，你这倔强和执拗的臭脾气就像你母亲赫拉！"

不仅宙斯，奥林匹斯山上大多数神也都很讨厌这个暴徒。可恰如亚里士多德所说，"好战的民族往往好色"，爱情与战争、红颜与英雄有着天然的羁绊。战神阿瑞斯以其飒爽英姿和直率个性，深深吸引了代表爱与美的女神阿芙洛狄忒。这位倾倒众生的女神毅然离开丈夫，不顾一切地投入了阿瑞斯的怀抱。古希腊人认为，战神与爱神，一个暴力一个风流，他们之间的结合异常完美：只有阿瑞斯的粗暴才能满足阿芙洛狄忒对疯狂的渴望，只有阿芙洛狄忒的温情才能触及阿瑞斯心灵中柔软的部分。正是出于这个原因，他们生下了温婉善良的和谐女神哈耳摩尼亚（Harmonia），英文单词"harmony"（和谐）就来自她。

战神与爱神一共生育了四个孩子，天真烂漫的爱神厄洛斯也是他们爱的结晶。剩下的两个儿子则完完全全遗传了阿瑞斯的性格，一个是恐怖之神福波斯，另一个是畏惧之神得摩斯。在血雨腥风的战场

《战神阿瑞斯》，古罗马大理石复制品，原作于约公元前320年。　来源：wiki commons

上，他们紧紧陪伴在父亲阿瑞斯两旁，把恐惧、绝望等情绪植入敌人心底，然后毫不留情地展开屠杀。火星仅有的两颗卫星——福波斯（火卫一）和得摩斯（火卫二），也得名于这对嗜血如命的兄弟。

在大多数文明开化的地区，比如雅典，阿瑞斯不受人们喜爱。但勇武好战的色雷斯人、斯巴达人、罗马人却对阿瑞斯推崇备至。古罗马人继承了古希腊人的神话，称战神为马尔斯，火星的英文名正是来源于马尔斯（Mars）。他们热衷于像战神一样全身心享受战斗的乐趣，直至在"马尔斯的战场"光荣地战死。随着罗马军团将大半个欧洲纳入疆域，马尔斯逐渐成了战争的象征。古罗马人认为，春暖花开的三月是行军打仗的季节，影响延续至今，所以英文中的"March"有"三月"，也有"行军"的意思。火星的天文符号♂正是战神马尔斯手持的长矛和盾牌。今天，这一符号演变为男性的标志，一如阿芙洛狄忒的梳妆镜♀演变为女性的标志。

♂ 血肉狂欢

特洛伊战争爆发，阿瑞斯欣喜若狂。就在众神还为选择支持哪一方举棋不定时，他已经冲进人群乱砍乱杀了。阿瑞斯才不管谁胜谁负，他不分敌我，见人就杀，要的只是鲜血、怒吼、刀剑撞击的铿锵。他杀到哪里，哪里就血流成河，如同割草一般留下遍地残碎的尸身。

天后赫拉憎恨特洛伊人，她紧紧拉住阿瑞斯的战袍："儿子，替你母亲出口恶气，消灭特洛伊人吧！"于是阿瑞斯化身为一名希腊战士，与阿喀琉斯并肩冲破了特洛伊人在海岸上构筑的坚固防线。

夜幕缓缓降临，一场庆贺得胜的欢宴结束了。阿瑞斯忽然在营帐里嗅到一股玫瑰的芬芳,夜变得如同丝绒般柔软。阿芙洛狄忒来了,她伸开双臂抱住阿瑞斯:"我的战神,如果我选择支持特洛伊人,你会为我而战吗?"阿瑞斯一瞬间被爱神的柔情融化,立即加入了特洛伊人的一边。

从此以后,众神更加看不惯这个没头脑、没立场的家伙了,就连诗人荷马也戏谑地送给他一个绰号——"两边倒"。

天明之后,又一场激战开始了。希腊大将狄奥墨得斯如同雄狮般勇猛冲锋,他冒着箭雨疯狂杀向特洛伊人。许多英勇的特洛伊战士在他面前接连倒下。他以一记投枪穿透了大英雄潘达洛斯,紧接着又重创了阿芙洛狄忒之子埃涅阿斯。看见儿子在血泊之中呻吟,阿芙洛狄忒赶忙用银色长袍裹住他,伸出洁白的双臂将他抱起,就像抱着初生的婴儿。可就在这时,杀红眼的狄奥墨得斯将长矛掷向女神,一下扎破了阿芙洛狄忒娇柔的手腕,汩汩鲜血泉涌而出。

看见心爱的女神受了伤,阿瑞斯狂怒地大吼。他挥舞着浸透鲜血的长矛,带着凶神恶煞的儿子们猛扑上来,吓得希腊人心惊胆寒。很快,这场战斗就成了单方面的屠杀,四处都响起希腊战士的

天文浪漫神话
群星与众神

| 《马尔斯与维纳斯》,桑德罗·波提切利绘

呻吟号哭，以及特洛伊人狂热的呐喊。就连狄奥墨得斯也浑身发抖，丧失了全部斗志，带着残兵败将赶紧后撤。

♂ 战神的耻辱

赫拉气疯了！她咬牙切齿地向掌管公平与正义的宙斯告状："你种下的这个祸根——阿瑞斯，他受了阿芙洛狄忒的蛊惑，一人抵得上一万名勇猛的战士。希腊人快被他赶下大海了！"

宙斯禁不住哈哈大笑："就让雅典娜去对付他吧，没有哪位神能像她一样找出阿瑞斯的弱点。"

于是女战神雅典娜披挂黄金甲胄，接过宙斯的神盾，戴上冥王哈得斯的隐身头盔，飞速赶到狄奥墨得斯身边。"我选中的勇士！"雅典娜镇定地说，"从这一刻起，你再也不要惧怕阿瑞斯或者任何其他永生的神。勇敢地掉转你的战车，朝敌人冲去吧！我会和你一起战斗。"

在女战神的鼓舞下，狄奥墨得斯扬鞭策马，直驱阿瑞斯。阿瑞斯看见居然有凡人向自己冲来，心想送死的来了。他举起长矛，对准狄奥墨得斯的胸膛猛掷过去。

眼看就要刺中对方了，隐身的雅典娜忽然伸手抓住长矛，让它静静地悬停在半空中。阿瑞斯正在惊诧这长矛是怎么回事，金光闪闪的雅典娜现出真身，以十倍于凡人的力气将长矛反投回来。一闪过后，长矛深深扎入阿瑞斯的腹部。战神发出撕心裂肺的叫喊，从伤口里拔出长矛，捂住血流如注的腹部，卷起一朵黑云逃回了奥林匹斯圣山。就在阿瑞斯疗伤的日子里，希腊军队一次次击退特洛伊人的反攻，取得了许多战果。

特洛伊战争进入白热化阶段，诸神之间由于立场不同，彼此激起了强烈的敌意，大打出手。阿波罗力战波塞冬，阿耳忒弥斯激斗赫拉，阿瑞斯更是被复仇的怒火所驱使，直奔他的姐姐雅典娜。

"雅典娜！你恬不知耻！"阿瑞斯用恶毒的辱骂发泄心中的愤怒，"上回你隐身来暗算我，还用凡人的长矛刺进我的身体，现在我们该算清这笔账了。你敢不敢和我堂堂正正打一架？"

说罢，阿瑞斯用寒光闪闪的长矛敲击盾牌，发出激烈的鸣响。他向雅典娜冲过来，连大地都在震颤。可雅典娜手中的盾牌，正是镶着蛇发女妖美杜莎头颅的宙斯神盾。阿瑞斯的长矛不仅没能刺穿它，反而咔嚓一声折断了。雅典娜随即抱起一块巨石，狠狠砸向阿瑞斯，正中他的脖子。阿瑞斯踉踉跄跄，一个跟头栽倒在地，长发沾满了尘土。

既然都是战神，为什么男战神阿瑞斯屡屡败在女战神雅典娜手下？除了雅典娜有宙斯神盾的帮助外，更重要的是，两位神在性格上有着天壤之别。阿瑞斯固然勇猛，但他既不关心战争的是非，也全然不考虑战略战术，一味崇尚武力，把战争的残忍性彰显得淋漓尽致，所以他的勇猛实际上是一种匹夫之勇。而雅典娜既是战神，又是智慧女神，她象征着冷静的战略，在战斗中深思熟虑，懂得因时因地作出最优的选择，因此特洛伊战争期间，她两次都能轻松击败狂暴的阿瑞斯。这也体现出在古希腊人心目中，理性胜过癫狂，智慧胜过蛮勇。

♂ 战神的骄傲

阿瑞斯虽然在战场上屡屡败给宿敌雅典娜，但他俊美、阳刚，迷住了众多凡间少女。他曾与雅典公主阿格劳洛斯陷入热恋，生下了女儿阿尔基佩。有一天，阿瑞斯听说女儿被波塞冬之子哈利洛提奥斯强暴了，当即怒不可遏，冲上去一枪就捅穿了哈利洛提奥斯的喉咙。

海神波塞冬也是位脾气火爆的神，但面对阿瑞斯这个天不怕地不怕的愣头青，他没有以暴制暴，而是选择把阿瑞斯告上众神的法庭。这是传说中世上第一场对凶杀案的审判。众神在雅典卫城西侧的一座小山丘上作出裁决，如果谋杀罪名成立，阿瑞斯轻则被判处多年苦役，重则被打入塔耳塔洛斯深渊。

"你承认自己杀害了波塞冬的儿子吗？"宙斯庄严地问道。

"强暴我女儿的人，没有资格活着。是我杀了他，我不后悔。"阿瑞斯傲然挺立在被告席上，连一丝一毫眼神的闪烁都不曾有。

众神经过一番低声讨论和投票，最终由宙斯宣布了结果：阿瑞斯是为了保护自己的女儿，无罪，当庭释放。这场审判产生了巨大的影响，小山丘也得了一个响亮的名字——"战神山"。雅典人在此处设立了最高刑事法院，主要审理凶杀案，它被认为是西方现代法庭的起源。

命运就是如此吊诡，好勇斗狠的阿瑞斯居然得到了法律的支持。人性是复杂难测的，即便众人眼中的恶棍，也懂得保护自己的女儿。或许阿芙洛狄忒早就在阿瑞斯身上看见了别人看不见的东西，因此无论众神再怎么非议他、排斥他，阿芙洛狄忒依然用万千柔情拥抱阿瑞斯的激烈与尖锐。

无独有偶，中国也有一位战神阿瑞斯式的人物——天下无双的吕布吕奉先。阿瑞斯和吕奉先都是纯粹为战场而生，他们不过问战争的是非，不在乎别人的评判，仅凭借一往无前的勇气和斗志，就能在两阵之中掀起惊天的狂澜。对他们来说，战斗是与生俱来的本能，攻城略地令人乐此不疲。他们在残酷的修罗场中日复一日地浴血拼杀，唯有从心爱之人——阿芙洛狄忒或貂蝉的怀抱中，才能获得片刻的安宁。无论阿瑞斯还是吕奉先，他们都免不了在战场上失利，在仇敌前受辱，他们反复无常的品性也时常被人诟病。然而，就像淤泥中绽放出娇艳的鲜花一般，他们沉于血污，却拥有稀世佳人的真情。战神与爱神、吕布与貂蝉的故事为一代代人津津乐道，化为不朽的传奇。

第七篇　木星
宙斯：王者荣耀

　　木星，太阳系独一无二的行星之王。它的质量甚至超过其他行星质量的总和。木星厚重的云层裹挟着狂野的风暴和轰鸣的雷电，有如手持霹雳的宙斯，正带着鲜血与伤痕一步步走向荣耀的王座。

4 行星之王

　　我们一同游历了水星、金星、火星。这三颗星球都与地球一样，拥有固态的表面、坚实的岩层与金属的内核，称为"类地行星"。闭上眼睛，你脑海中有没有浮现出奇异的景象，比如水星的环形坑、金星的大气层、火星的山脉峡谷？现在，让我们从浮想中走出，与类地行星挥手作别，飞向更加遥远的星空吧！一个气态巨人的世界就在眼前了。太阳系中的气态巨行星，即类木行星，包括木星、土星、天王星、海王星。

　　首先，迎面而来的木星是太阳系行星中无可争议的王者。它几乎和太阳同时形成，在八大行星中年龄最长。从胚胎时期起，木星就不断吸积星际物质与气体，逐渐形成太阳系最大的行星。如果木星是一个容器，11 个地球可以在里面排成一列，超过 1 300 个地球才能把它填满。木星的质量是太阳系其他行星总质量的 2.5 倍。在木星巨大引力的干扰下，火木轨道之间的小型天体始终无法聚合为一颗真正的行星，它们不断碰撞、破碎，最终形成一条宽达 2 亿千米的小行星带，聚集了 50 万颗以上的小行星。

　　木星表面好似盘绕着一圈圈红色、橙色、紫色、褐色、白色的彩缎，看上去如梦似幻。如果你热爱印象派油画，这神秘而浪漫的光之舞会让你深深沉醉。为什么木星的云带如此美不胜收？原来它与木星内多种元素之间的化学作用有关。强烈的对流运动将硫、磷等元素及其化合物一直输送到云层顶部，和那里的物质发生反应，生成不同色彩的气体，它们在木星自转带动下形成条带，如同色彩的盛宴。木星仅次于月球和金星，是地球夜空中第三明亮的天体。

——————————————————————————

| 木星南极，彩色增强图片，由"朱诺号"木星探测器收集的数据创建。
来源：NASA

87

宙斯：王者荣耀

木星

木星激荡的大气，彩色增强图片，由"朱诺号"木星探测器收集的数据创建。
来源：NASA

木星主要由氢气（占总分子数的86.1%）和氦气（13.8%）组成。作为气态星球，它没有可以明确界定的固态表面。乍看上去，木星有如身披绚丽多彩的哈达，可是千万不要以为它很好客，在这美丽的表象下，隐藏着暴烈与狂躁。木星是一颗风暴行星，大气中充斥着闪电，比地球上激烈得多，有如超自然的神威。当隆隆雷鸣震破鼓膜、道道光剑刺破天穹的时候，那场毁天灭地的提坦之战仿佛在重演。穿过木星电闪雷鸣的狂暴大气以及其下深达6万千米的液态氢海洋，会遇见一个可能存在的岩石核心，此处温度高达2万至3万摄氏度。

木星南半球翻涌着一个大红斑。早在17世纪，天文学家就已经注意到它的存在。这是太阳系目前所知最大的反气旋风暴。它的直径是地球的两倍，以速度超过300千米每小时的狂风掀起高达8 000千米的云塔，在木星上汹涌了至少几百年。但就如同地球上的龙卷风风暴眼内相对平静，大红斑的中心也相对安宁。倘若这狂野的风暴还能在木星上席卷一千年，或许那时最勇敢的极限爱好者已经拥有足够的装备，会付出全部激情一头扎进大红斑的中心，见证永生难忘的奇观。

木星大红斑与湍急的南半球大气，彩色增强图片，由"朱诺号"木星探测器收集的数据创建。　来源：NASA

♃ 水世界

1610 年，伽利略用自制的天文望远镜对准冬夜里的木星，却意外地在木星边上发现了四个小光点，它们恰如环绕地球的明月一般，在木星身旁流连不去。这次发现成为天文史上的佳话。它反驳了自亚里士多德以来，统摄欧洲近两千年的"地球是宇宙中心，群星统统围绕地球旋转"的宇宙观，并为哥白尼的"日心说"提供了强有力的支撑。后人为了纪念这一历史性的发现，把木星的这四颗卫星统称为"伽利略卫星"。

既然木星的主宰者是神王宙斯，天文学家便成人之美，以宙斯的四位恋人为其卫星命名，离木星由近及远依次是伊娥（木卫一）、

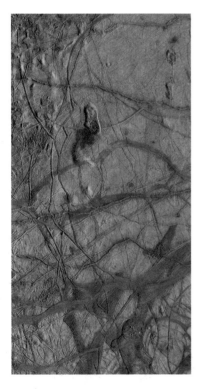

| 木卫二复杂的表面，彩色增强图片，由"伽利略号"木星探测器收集的数据创建。　来源：NASA

欧罗巴（木卫二）、伽倪墨得斯（木卫三）和卡利斯托（木卫四）。这四颗卫星每一颗都比冥王星还要大，它们占据了木星 95 颗卫星总质量的 99.9% 以上。它们各有精彩之处，其中最让科学家们神往的非木卫二莫属。

欧罗巴是宙斯的梦中情人，这段人神之恋不仅把她的名字（Europa）融入了地球上的一个大洲——欧洲（Europe），且升华为苍穹上的一颗星。木卫二距离太阳很遥远，没有能够保温的大气层，因此它的表面温度非常低，即便最温暖的赤道地区，平均温度也低至零下 160 摄氏度。自 20 世纪 70 年代以来，"旅行者号""伽利略号""朱诺号"探测器先后传回木卫二的照片，一点点为人们揭开了它神秘而优雅的面纱。

木卫二主要由硅酸盐岩石构成，表面覆盖着一层冰壳，冰面上细细密密交织着血管般的纹路。更大的奇迹潜藏在冰壳之下。据推测，由于被木星的强大引力反复拉扯和挤压，潮汐摩擦所产生的热量足以让木卫二冰层之下形成一个全星球范围的、深达万米的海洋，这片海洋的储水量比地球总水量的两倍还多！2012 年，哈勃望远镜观测到木卫二上间接性喷发巨大羽状水柱，高达 200 千米，证明了木卫二拥有澎湃的汪洋。

木卫二广阔漆黑的大海中有生命吗？这是人们十分关心的问题。在地球上，有些生物不必接受任何光照就能够生存繁衍，这为什么不可以在其

| 木卫二表面喷出的水柱，艺术概念图。
来源：NASA

他星球上重现呢？有研究者相信，木卫二海洋中富含孕育生命所需的化学物质，甚至已经演化出类似鱼或者章鱼的复杂生命。它们很有可能是人类探索宇宙过程中最先遇见的地外生物。木卫二上神奇的海洋生物会像金星人、火星人一样，成为梦幻泡影吗？抑或在浮出水面的那一刻令人激动得泪眼模糊？答案就等未来的探索者揭晓了！

2 奥林匹斯之巅

几乎所有古老文明都有关于木星的传说。在美索不达米亚，古巴比伦人将木星视为他们的守护神马尔杜克；古印度教把木星当作"众神的上师"；中国古人则称木星为"岁星"。以想象力丰富而著称的古希腊人则将这颗明亮的星称为"宙斯之星"。如此一来，"行

| 《密涅瓦*的故事：密涅瓦与凯旋的朱庇特》，勒内−安托万·胡安斯绘

星之王"木星就成了"众神之王"宙斯辉煌的冠冕。宙斯的罗马名叫朱庇特（Jupiter），也就是英文中"木星"（Jupiter）一名的由来。木星的天文符号 ♃ 正是来自宙斯手中威力无穷的闪电。

宙斯高大俊美，勇武雄壮，不怒自威，是希腊众神中的灵魂人物。悲剧诗人埃斯库罗斯曾满怀激情地称颂道："宙斯是以太，宙斯是大地，宙斯是天空。宙斯是一切，并超越一切。"宙斯掌管天空、雷电和风云，他手握雷电和权杖，主宰尘世的兴亡祸福，安排众生的法律秩序。宙斯拥有至高无上的荣耀，广受古希腊人尊崇。古希腊最有影响力的运动会——奥林匹克运动会便起源于为了祭祀宙斯而定期举办的竞技活动。

在众神之中，宙斯最为强大，他甚至有可能比其他十一位奥林匹斯主神联起手来还要强。特洛伊战争期间，宙斯曾向对他不满的众神示威："来试一试，你们就知道谁是最强大的！将一根金索从天上

---

* 密涅瓦，雅典娜在罗马神话中对应的神。

吊下，你们全部男神女神用尽力气拖拽，也不能把我从天庭上拉动分毫。而只要我愿意，我随时都能把你们所有人从大地上提起来！"

宙斯的标志是凶猛的雄鹰。在吸纳古希腊文化的古罗马，人们同样狂热地崇拜这位众神之王，并将朱庇特之鹰视为帝国与军团的标志。在雄鹰羽翼的庇护下，罗马军队相信自己拥有神的力量，他们奋勇搏杀，将一片又一片土地纳入帝国版图，也将希腊罗马文明播撒到整个地中海世界。

24 宙斯的童年

王者之路向来不是坦途。宙斯是第二代神王克洛诺斯和提坦女神瑞亚最小的儿子。自从割伤了霸道的父亲，克洛诺斯终日精神紧张、焦躁不安，他耳边回荡着父亲乌拉诺斯的那句诅咒："你将重蹈我的命运，被你的孩子毁灭！"恐惧和仇恨令他丧失理智，妻子瑞亚生出的五个孩子都被克洛诺斯吞了下去。

第六次怀孕时，瑞亚决定不惜一切保护孩子。她秘密生下宙斯，趁着苍茫的夜色，将儿子藏匿在克里特岛伊达山深处某个无人知晓的洞穴里。为了瞒过丈夫，她把一块婴儿大小的石头裹入襁褓，在克洛诺斯面前温柔地给"孩子"哼唱摇篮曲。此时紧张、焦虑的克洛诺斯看也没看，一口就将石头吞进了肚子里。

金色的阳光洒满克里特岛，宁静幽深的山谷中芬芳四溢，这里就是宙斯小小的乐园。他一刻不停地奔跑、攀爬、跳跃，和山林水泽中的宁芙们嬉戏打闹。

动物和精灵们也非常喜爱这个精力无穷的孩子。最爱他的是一只名叫阿玛耳忒亚的母山羊。它就像疼爱自己的羊羔一样爱着宙斯，用甘甜的乳汁喂养他。

每当宙斯哇哇大哭时，全副武装的保护神枯瑞忒斯立即高声唱

| 《山羊阿玛耳忒亚哺育婴儿宙斯》，尼古拉·贝尔坦绘

起战歌，用刀剑奋力敲击盾牌。这样一来，宙斯的哭声就被铿锵的声响掩盖了。高居世界之巅的克洛诺斯丝毫没有觉察到，预言中将要毁灭他的儿子正在一天天长大。

宙斯小小的身体里蕴藏着惊天的力量。一天，他和阿玛耳忒亚玩耍时，一不小心折断了它的一只角。宙斯既愧疚又心疼，眼泪扑簌簌地落了下来："我要是有魔法，能让你永远快乐就好了！"话音刚落，宙斯体内神奇的力量被爱唤醒了，折断的那只羊角化作"丰饶角"，里面盛满了阿玛耳忒亚想吃的果物，怎么吃也吃不完。这只取之不尽、用之不竭的"丰饶角"成为深入人心的文化符号，是丰裕、富有、繁荣的象征。

宙斯成长为一位英朗强健的青年，如同母亲一般关爱他的山羊也走到了生命的尽头。它躺在宙斯怀里，用尽最后的力气温柔地舔了舔宙斯的脸颊，说："用我的皮毛做成护盾，永远守护你吧。"宙斯点点头，眼中闪动柔和而坚定的光芒："谢谢您，我会紧紧握住盾牌，永远也不松手。"从此以后，宙斯无论走到哪里，都紧紧握持着这面盾牌，因为这是一个生命能够给予的最无私的爱。

24 宙斯的复仇

宙斯刚登上小亚细亚的土地，就对一位女子一见钟情，她就是智慧女神墨提斯。有了智慧女神为妻，宙斯想实现自己多年的心愿。

"如果对手只有克洛诺斯，我自然可以轻松胜出。可他的手下实在太多了，尤其是阿特拉斯，据说那家伙拥有可以举起整片天空的神力。"宙斯说出了自己的担忧。

"难道你忘了自己也有兄弟姐妹吗？如今他们还困在克洛诺斯的肚子里，等着你去解救呢！"墨提斯扬了扬眉毛，"当然，你先要喂他喝上一杯加了强效催吐剂的酒。"

提坦神巍峨的宫殿矗立在俄特律斯山巅，耸入厚重的苍穹。"来人呐，给我倒酒！"一个颤巍巍的声音从内室中传来。克洛诺斯面容憔悴、两颊深陷，他眼里跃动的火焰熄灭了，苍老的脸孔刻满了纵横交错的皱纹。

侍从恭恭敬敬斟好酒，克洛诺斯抓过酒杯，贪婪地一饮而尽。很快，强烈的恶心涌上心头，他剧烈地呕吐起来。克洛诺斯先呕出了一块石头，紧接着一发不可收拾，波塞冬、哈得斯、赫拉、得墨忒耳、赫斯提亚被他接二连三地吐了出来。直到一切都呕尽了，这位提坦之王才勉强睁开泪水模糊的眼睛。就在看到宙斯的一瞬间，他什么都明白了，整个身体僵在了那里。

"该来的终究会来，父亲。"宙斯冷冷地盯着他，"这是我第一次，也是最后一次叫你父亲。克洛诺斯，我们战场上见。"

4 提坦之战

众神之战打响了。在这场血腥残酷的战争中，一方是象征洪荒之力的提坦神，他们不愿拱手让出自己古老的荣光，纷纷聚集在克洛诺斯身边，极力压制野心勃勃的新生力量；另一方是以宙斯为首的新神，他们不再以提坦自居，而是骄傲地自命为奥林匹斯神，他们决心推翻父辈，建立全新的宇宙秩序。

整整十年，世界如同一艘船，在惊涛骇浪中晃个不停。众神狂怒，释放出所有毁灭性力量彼此攻击。宙斯用闪电撕裂天空，把黑夜照得如同白昼；提坦神冲锋时发出震耳欲聋的咆哮，整个世界都

| 《提坦的陨落》，彼得·保罗·鲁本斯绘

在他们脚下颤抖。战争使得火山喷发，大地开裂，海水沸腾，生灵在冲天火光中无处安身。但是任何一方都无法取得决定性的胜利。

又是在足智多谋的墨提斯建议下，宙斯深入塔耳塔洛斯深渊，亲手给三个独眼巨人和三个百臂巨人解开镣铐，并且允诺他们，一旦自己取得胜利，就让他们重获自由。有了这些凶猛可怖的巨人加入，奥林匹斯神如猛虎添翼，更加令人生畏了。在殊死决战中，宙斯和独眼巨人以天雷地火轮番进攻提坦神。提坦神虽然骁勇善战，但此时再也无法招架，纷纷向后败退。当他们退到宙斯设伏的峡谷时，三个百臂巨人忽然降临，狂舞着三百条胳膊，将巨石如冰雹一般砸向提坦神。

此刻唯有阿特拉斯还在不屈不挠地战斗。这位钢铁般坚强的提坦神发出天震地骇的怒吼，巨石如山崩一样从他身上滚落。他带着遍体的伤痕竭尽全力扑向宙斯——宁可与敌人同归于尽，也不愿承受战败的耻辱。宙斯也使出了全部力量，他唤来遮天蔽日的乌云和狂风，从天穹发射从未有过的雷暴，最后集千万道电光一齐劈在阿特拉斯身上。伴随着一声巨响，阿特拉斯轰然倒下，提坦神的末日到来了。

2₁ 宙斯的背叛

旷日持久的鏖战终于结束了，奥林匹斯神高居在辉煌璀璨的山巅，志得意满地规划着新世界的蓝图。他们尽情享受着音乐、美酒和佳肴。然而，神王宙斯却一点也高兴不起来。原来，盖亚不满子女们战败后所遭受的严酷刑罚，一怒之下向宙斯发出恶毒的诅咒："你怎么对待我的儿子，你的儿子就会怎么对待你！"

此时宙斯的妻子——智慧女神墨提斯已经怀孕了，看见她日益隆起的小腹，宙斯陷入惶恐。克洛诺斯那张狰狞可怖的脸开始在宙斯眼前反反复复地重现。

"乌拉诺斯把孩子塞回盖亚腹中，克洛诺斯吞下孩子，他们全都失败了。我又该怎么办呢？"正所谓有其父必有其子，经过深思熟虑，宙斯酝酿出一个更为险恶的计划。

　　他要和墨提斯玩一个变身游戏。宙斯变成一只娇小玲珑的猫，墨提斯变成一只雪白的鸽子，在猫的头顶盘旋。紧接着，宙斯变作一只色彩斑斓的蝴蝶，墨提斯又化为一滴晶莹剔透的水珠。这时，宙斯忽然变回原形，一口就把这滴水吸了进去！墨提斯连同她体内的胎儿，一同落入了宙斯的肚子。

　　盖亚的预言落空了。墨提斯不仅没能生下夺取宙斯神王之位的儿子，反而被他吸收了所有的聪明才智。从此以后，宙斯智勇双全，地位更加坚如磐石了。

♃ 宙斯的情事

　　宙斯总在搜寻美色，不仅与神相恋，也对凡人释放多情的天性。古希腊人统计过，宙斯先后有过 7 位妻子与 115 位情人。生老

| 《诱拐欧罗巴》，伦勃朗绘

病死是凡人的宿命，而神可以永生。对永远意气风发，永远热血沸腾的宙斯来说，一切红颜都注定是他生命中的过客。在求爱过程中，为了打消暗恋之人的戒备心理，宙斯屡屡使出变身术：他变成牛诱拐欧罗巴，变成天鹅亲近勒达，变成金雨与达那厄相会……

在古希腊人眼中，爱好美色源自人的本真天性，一个生命力旺盛之人怎么能割舍下万缕情缘，不去热烈地追求心上人呢？不仅如此，古希腊人还推己及神，为他们景仰的神与英雄谱写出异彩纷呈的罗曼史。即便成了宇宙中的一颗行星，宙斯依然过着招蜂引蝶的浪漫生活。目前已发现有 95 颗卫星围绕着木星运转，它们以宙斯的情人或后代命名，永生永世环绕在宙斯身边。

4 王的荣耀

宙斯的生命力有多么旺盛，他的子孙就有多么显赫。在奥林匹斯十二主神中，仅他的儿女就占了七位，包括智慧女神雅典娜、光明神阿波罗、狩猎女神阿耳忒弥斯、战神阿瑞斯、匠神赫菲斯托斯、神使赫耳墨斯、酒神狄俄尼索斯。在凡间，宙斯更是生育了众多杰出的儿女，比如赫拉克勒斯、珀尔修斯、海伦等等。特洛伊战争中的英雄阿喀琉斯和大埃阿斯也是宙斯之子埃阿科斯的后代。

人人都爱英雄。古希腊时期，但凡名门望族，都千方百计想要把家族追溯到宙斯那里，和众神之王攀上亲戚。从亚历山大大帝出生的那一刻起，他那充满神秘主义气质的母亲就在儿子耳边反反复复地说："你的亲生父亲是宙斯，是万王之王。"自小这颗神性的种子就深深根植在亚历山大心底，给予他难以想象的力量和勇气——如果你是宙斯的儿子，赫拉克勒斯的兄弟，那么征服波斯帝国又是什么难事呢？在短暂的一生中，亚历山大时时刻刻被宙斯的荣耀激励着，无畏无惧地带着遍体的伤痕与满腔的热望，一步步实现比梦想更加伟大的成就。

病死是凡人的宿命，而神可以永生。

第八篇　土星
克洛诺斯：时光残骸

　　光环缠绕的土星位于八大行星中肉眼可见的尽头。这颗行星绕日周期十分漫长，古希腊人将它归属于时间的主宰，与永恒流逝的时间联系起来。

| 土星及其主环，自然彩色图片，由"卡西尼号"探测器收集的数据创建。
来源：NASA

♄ 深空光环

　　土星是一位美学大师，赤道环绕着一圈睥睨万物的光环，通体流溢着典雅而忧郁的淡黄色光辉。这颗气态星球非常巨大，在太阳系行星家族里，土星的体积仅次于木星，能轻松容下 700 多个地球。

　　和木星一样，土星也没有固态表面，它的外层大气由 96.3% 的氢、3.25% 的氦以及少量其他成分组成。由于氢是最轻的气体，土星就成了太阳系里密度最小的行星。

　　土星位于八大行星中肉眼可见的尽头，接收到的光照少，表面温度约为零下 140 摄氏度，可谓冰冷彻骨。深入土星的大气层，狂暴的飓风和湍流会让人一瞬间魂飞魄散。土星风速高达 1 800 千米每小时，相比之下，木星上风速300多千米每小时的大红斑简直就是轻风拂面。1980年，"旅行者号"探测器在土星北极拍摄到一个直径超过地球两倍的六边形结构。这是一重重风暴交叠而成的巨型涡流。

土星北极六边形大旋涡，"卡西尼号"探测器拍摄。　来源：NASA

"有一种神秘你无法驾驭／你只能充当旁观者的角色／听凭那神秘的力量……穿透你的心"土星并非唯一一拥有光环的行星，木星、天王星和海王星也各自拥有稀薄的光环，但它们哪一个都无法和土星的光环媲美。自从1610年伽利略用望远镜发现这圈神秘而幽邃的光环以来，星空守望者们就再也无法把视线挪开了。这圈巨大而温柔的光环就像守护天使，全心全意地环抱住一颗美丽的星球，丝毫不在意周围阒寂无垠的黑暗。

土星环由大量的冰、少量的岩石残骸和尘粒构成。它们大似一座宫殿，小如一粒沙尘，环绕着土星飞速旋转。尤其出人意料的是，土星环中有环，至今共发现了七环，每环厚度为10至15米，最厚不超过100米。土星环范围极大，可以横向容纳1 000多个地球！如果把它的厚度与范围相比，恰似将一张薄薄的蝉翼铺上雄伟的泰山。

辽阔的土星环究竟从何而来？没有人能确切说出它的起源。一种主流理论认为，它诞生于某颗卫星的冰晶和岩屑。这颗不幸的卫星距离土星太近了，巨大的潮汐力将它不断拉扯，终于，卫星自身的引力再也无法抵抗，它被土星硬生生撕成了碎片。

♄ 昨日重现

　　土星目前已经发现的卫星多达 124 颗，于 2023 年一跃超过了拥有 95 颗卫星的木星，再次荣膺太阳系的"卫星之王"。在土星所有的卫星中，土卫六——提坦引来了世人最多的关注。土卫六直径达到了地球的 40%，比水星还要大，是太阳系里仅次于木卫三的第二大卫星。这颗拥有行星块头的卫星的神奇之处在于，它会令人联想起童年时期的地球。

　　土卫六距离太阳大约 14 亿千米，是一个非常寒冷的世界。然而，它却拥有液体，甲烷、乙烷在星球表面流淌，汇成河流、湖泊与海洋。不仅如此，土卫六还是太阳系唯一拥有稠密大气层的卫星，其大气的主要成分是氮气（约 98%），这一点也和地球相似。这是一颗充满无穷无尽可能性的星球，我们对它了解得越多，就越有可能破解地球生命的诞生之谜。

| "惠更斯号"探测器探索土卫六表面，艺术概念图。　来源：NASA

2005 年，"卡西尼–惠更斯"计划中的"惠更斯号"探测器登陆土卫六，这是目前探测器登陆过的最遥远的天体。从它传回的数百张照片里，我们可以看出土卫六的某些特征：乱石嶙峋、山丘低矮、沟壑纵横。它很像胡安·鲁尔福笔下伤痕累累的原野。如果此刻你要踏上未知的星途，你会选择哪里作为

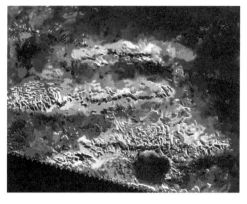

| 土卫六上的最高山脉，雷达图片。 来源：NASA

第一站呢？我想我会毫不犹豫地选择去土卫六。它的大气压是地球的 1.5 倍，引力却不足地球的五分之一，这意味着我可以脱下笨重的增压宇航服，换上轻便的装备，继而像飞鸟一样在橙色的天空中翱翔！当掠过清澈的湖面冲向云霄，眼前正对着无与伦比的土星光环时，一定可以感受到异常强烈的美的冲击。

土卫六上存在生命吗？这是许多人对于这颗卫星的疑问。如今，科学家们能够确定的是，它满足了生命诞生的三个有利条件：液体、能量、有机分子。在地球上，水无疑是孕育一切生命的基础，但这是宇宙中唯一的途径吗？在化学环境迥然相异的星球上，生命会不会选择另一种液体，比如甲烷、乙烷或者氨，进而开创出一番全新的天地？或许在土卫六冰冷大湖的深处，正栖息着某些新陈代谢极为缓慢的生物，它们如同庄子所描绘的上古大椿般年岁漫长，纵使地球上沧海桑田，它们仅仅度过了一个平凡的春秋。

♄ 提坦之王

土星环绕太阳一圈的时间很漫长，在各民族古老的神话传说中，它往往与时间、命运等形而上者结合在一起。早在古巴比伦时期，两河流域的天文学家就通过细致的观察，将土星与自己敬奉的神明联系

在一起。在古代中国，人们认为土星每二十八年运行一圈（实际为29.5年），如同每年坐镇二十八宿中的一宿，于是将其称为"镇星"。古希腊人观察到，土星是所有肉眼可见行星中公转周期最长的一个，因此他们将它归属于时间之神柯罗诺斯（Chronos）。柯罗诺斯本是一位原始神，象征永恒流逝的光阴。由于他名字的发音与著名的提坦神王克洛诺斯（Cronus）非常接近，人们渐渐把两位神混为一谈，克洛诺斯也就同时成了时间与世界的主宰。后来，罗马人又将克洛诺斯与他们的农神萨图恩合二为一。

克洛诺斯是第二代神王，是第一代神王——天空之神乌拉诺斯与大地女神盖亚最小的儿子，在十二个提坦兄弟姐妹中最聪明，也最狠毒。起初，乌拉诺斯害怕后代夺取权位，极力阻止子女们离开盖亚的子宫，继而引起了盖亚的仇恨。当她向肚子里的子女们寻求帮助时，只有克洛诺斯勇敢地站了出来，用一柄寒光闪闪的镰刀割伤了父亲。那一夜，神王远遁，提坦神终于从母腹中解脱出来，他们欢聚庆祝自己的新生。克洛诺斯，这个最小的弟弟，以拯救者的英雄姿态获得大家共同推举，成为新一代神王。

克洛诺斯不负众望，在他公正、睿智的带领下，提坦神纷纷肩负起创造自然的使命，忙得不亦乐乎。一时间，阳光、大地、天空、河流各司其职，自然万物凝聚一心，而克洛诺斯就像俄特律斯山一样横亘在天地之间，主宰日月的更替与四季的变迁。世界重塑了，天空中群鸟高翔，大地上野兽奔走，每当清凉的风拂过原野，总会裹挟起一阵阵馥郁的花香。

后来，越来越多的生命降临在这个世界上。克洛诺斯也动心了，于是他看见瑞亚女神时情不自禁地走上前去，把瑞亚揽入怀中……

♄ 黑暗之心

瑞亚的肚子一天天大起来，克洛诺斯开始有了不祥的预感。父亲因痛苦而扭曲的脸孔每每从黑暗中浮现出来，还有那凄厉的号叫"克洛诺斯，我诅咒你！你将重蹈我的命运，被你的孩子毁灭！"，更是怎么也挥之不去。克洛诺斯再也没有以前那样自信和喜悦了，他的整颗心都被恐惧与仇恨的阴影笼罩了。

"可恶的乌拉诺斯！"深夜里，他咬碎了牙齿。月光在瑞亚高高隆起的腹部铺展开来。克洛诺斯狠狠盯着挣扎着想要出世的骨肉，露出狰狞的表情："既然你不愿待在瑞亚的肚子里，那我就永绝后患，把你吞进我的肚子！"

伴随着一声清脆的啼哭，第一个孩子出生了。可还没等瑞亚看清孩子的小脸，克洛诺斯就将婴儿一把拎起，眼中闪出一种瑞亚从未见过的残忍之光，猛地把孩子塞进嘴里。瑞亚吓得僵住了。过了很久，才从寂静中传来绵延不绝的啜泣声。

一个孩子、两个孩子……就这样，克洛诺斯连续吞吃了五个子女。

第六次怀孕时，瑞亚早已眼窝深陷，面容枯槁了。她含泪伏倒在众神之母盖亚面前："母亲，我再也无法忍受了。我生一个孩子，克洛诺斯就吃一个。海洋、日月、星辰、光明、正义、力量……这些提坦神只顾谈情说爱，没有一个愿意站出来保护孩子们。我不得已只能寻求独眼巨人和百臂巨人的庇护，可克洛诺斯提前一步，把他们打入了塔耳塔洛斯深渊。求求您，母亲，这一次我无论如何也要留下孩

| 《萨图恩吞子》，彼得·保罗·鲁本斯绘

子。除了您，再也没有谁能够帮我了。"

"瑞亚，"众神之母唤出她的名字，那声音就像一阵从过去吹向未来的风，"你的痛苦很快就会终结。现在，我们一起让预言成真。"

盖亚从古老的冰河深处小心翼翼地取出一块婴儿大小、光滑柔润的石头，用襁褓裹好交到瑞亚手中："这是大地的骨肉，拿它代替你的孩子吧。"

在盖亚的庇佑下，第六个孩子——宙斯活泼地降生了，他比预定的日子更早到来。趁着浓重的夜色，两位女神把刚出生的宙斯送至汪洋大海中一块群山连绵、幽谷遍布的陆地——克里特岛，藏匿在伊达山深处某个无人知晓的洞穴里。紧接着，瑞亚怀抱石头回到家中。她刚刚进入卧房，就听见哐当一声金属巨响，克洛诺斯推开巨大的青铜门扇，凶神恶煞地出现在她眼前。瑞亚瑟瑟缩缩立在窗边，含泪吻着怀中的"孩子"。

"把孩子给我！这是他的命运。"说罢，克洛诺斯一把夺过婴儿。

"不！"瑞亚紧跟着猛扑上去。

就在瑞亚伸手抢夺之时，克洛诺斯张开大嘴，把"婴儿"连头带脚一股脑吞进了肚里。

乌拉诺斯的诅咒就要应验了！

| 德尔菲遗址的圆锥形石头，据传为克洛诺斯吞下的石头。　来源：wiki commons

♄ 父子之争

在宙斯的故事里，我们讲述了宙斯率领奥林匹斯神与克洛诺斯统领的提坦神之间天崩地坼的大战，这场战争以提坦神陨落而告终。夺取宇宙的主宰权后，第三代神王宙斯也丝毫没有怜悯自己的父亲，他把克洛诺斯打入永远不见天日的塔耳塔洛斯深渊。也许有人会问，为什么希腊众神的代际关系如此紧张？

人性是共通的，古希腊人也倡导亲族之间彼此关爱和守望相助，至于神话传说中你死我活的父子斗争，它与权力的诱惑以及神的永生是分不开的。生老病死是凡人必须面对的自然规律，可即便在短短几十年的光阴里，争权夺利导致父子相残在人类之中也屡见不鲜。在神话中，每位神一旦成长到体力、智力或美貌的巅峰，就永远停驻在那一刻。一如现实中既有青年才俊，也有老当益壮者，众神的花期也不尽相同。对宙斯、波塞冬、哈得斯来说，壮年是他们生命的巅峰，而对于赫耳墨斯、阿波罗、阿耳忒弥斯、阿芙洛狄忒等神，青春时期是他们生命的高潮。一旦最美的年华到来，无论再经历多少个春夏秋冬，他们都不会走向衰朽。对众神而言，不存在死亡这一终极的仲裁者，因此神王的荣冠也就绝不可能以和平的方式传递到后代手中。如此一来，再看乌拉诺斯—克洛诺斯—宙斯三代神王之间的血腥争斗，就不会感到不可理喻了。

神话故事往往凝聚了一个民族后天的性格。在一些学者眼中，希腊神话暗藏着"弑父"情结，三代神王鲜血淋漓的更新换代，实质上体现了自我实现的需要与父系威权之间不可调和的矛盾。神话中子女对父辈毫不妥协的态度反映出，古希腊人具有强烈的反抗精神与更新意识。这与中国神话崇尚孝道的伦理准则形成鲜明的反差，进而展现了两种文化的不同风貌。对于我们这诞生于地球、心系群星的人类来说，冲决牢笼的意志和温情脉脉的回望都是必不可少的吧！

♄ 时间的灰烬

　　据说这位提坦神王战败之后，孤身一人漂洋过海，在罗马地区受到两面神雅努斯热情接待。克洛诺斯毫无保留地分享自己的智慧，教会罗马人耕作、种植葡萄等果树，因此广受爱戴，被尊为主宰时光与丰收的神。他渐渐与罗马的农神萨图恩结合起来。后来，郁郁寡欢的萨图恩（Saturn）从大地上消逝了，化作太空中的一颗行星——土星（Saturn）。土星的天文符号♄就来自萨图恩的那把镰刀，而土星最初被发现的卫星都以他手下的提坦神为名。"星期六"

|《四季向克洛诺斯致敬》，巴尔托洛梅奥·阿尔托蒙特绘

的英文"Saturday"也是源于对萨图恩的崇拜。

"你是昨日的路，千条辙痕中的一条／当餐盘中盛着你的未来／你却贪婪地吃着我们的现在"克洛诺斯吞噬子女的故事是希腊神话中最黑暗、最残忍的情节之一。但作为时间之神，他象征着永恒流逝的、不可逆转的光阴。这就为克洛诺斯弑父与食子的故事增添了一层寓言色彩，因为时光总会毫不留情地吞噬鲜活的生命。

自古希腊、古罗马起，克洛诺斯就被塑造成一位枯瘦、阴郁、冷漠的老者，也就是我们如今看到的时间老人的原型。与他相伴的那些物件，比如镰刀和沙漏，无一不具有虚无和死亡的意味。英国作家斯蒂芬·弗莱说道："克洛诺斯那张蜡黄而扭曲的脸孔向我们讲述着宇宙时钟正无情地嘀答作响，万物都将被它驱向末日。镰刀摆动的弧度及其划痕像极了残酷的钟摆，一切肉体凡胎都不过是其残忍刀刃下等待被切割的草叶。"如今，英文中一些与时光流逝相关的词，比如"chronicle"（编年史）、"chronometer"（计时器）、"chronology"（年表），都留下了时间之神的烙印。

没有人能够清晰地定义时间，就像一滴水辨不清整片汪洋。我们仅仅知道，时间产生于大约 138 亿年前的宇宙大爆炸。奇点爆炸时将难以想象的能量抛洒出去，从此启动了自然的进程。物质顺着时间箭头不停流转与嬗变，星系、恒星、行星乃至生命的故事，都在宇宙的舞台上演。

时间有起始就会有终结。现代科学提出"熵"的概念，认为随着时间的流逝，熵在不断增加，宇宙也不可逆转地趋向混沌与无序。当熵到达极限时，宇宙将陷入热寂状态，所有地方温度、密度全都一模一样，不再进行任何能量交换。届时，群星会熄灭，无边的黑暗将吞噬一切，宇宙也将彻底走完自己成住坏空的一生。

"这就是世界的终焉，并非一声巨响，而是一阵呜咽。"也许在那最终的寂静里，时间之神克洛诺斯才会圆满地闭上双眼。

第九篇　天王星
乌拉诺斯：困兽苍穹

　　天王星是一颗身受重创而不得不躺平的行星。它以史诗般漫长的四季，在盖亚之上流连不去，宛若天空之神乌拉诺斯那亘古不变的守望。

| 天王星，真实彩色图片，"旅行者2号"探测器拍摄。　来源：NASA

☉ 躺平之星

　　天王星是一颗迷人的气态巨行星，它周身散发着静谧的蓝绿色光泽，乍看上去很像一枚光洁温润的玉石，甚至会让你生出一股冲动，想要将它握在手中细细摩挲。和木星、土星一样，天王星的外层大气也主要由氢和氦组成，但它的甲烷含量更加丰富。甲烷吸收了阳光中的红色与橙色光，反射后的阳光缺乏红色和橙色的光子，天王星因而散发蓝绿色光泽。

　　与其他气态巨行星相比，天王星内核的温度较低，甚至比距离太阳更遥远的海王星还要低。它的云顶最低温度纪录为零下 224 摄氏度，使得天王星成为太阳系中温度最低的行星。除了氢与氦之外，天王星还含有氧、碳、氮、硫等一些相对原子质量更大的元素，这些元素组成的化合物以特殊的固态存在于天王星的蓝色浓雾之下，因此天文学家有时也会将天王星与海王星纳入冰态巨行星，即冰巨星的行列。

有一首可爱的小诗写道，"虽然一生都不能 / 停止转动 / 但天王星 / 宁愿躺着"。这颗星球最不可思议的地方就在于，它的自转轴与公转轨道面的夹角达 98 度。在太阳系所有行星中，它是唯一"躺着"公转的。目前还没有人知道确切原因。一种理论认为，在太阳系形成的早期阶段，有一个像地球这么大的太空游侠，一头撞在了天王星上，把它撞倒了。"在哪里跌倒，就在哪里躺下"正是天王星先生的人生哲学。它被冒失鬼撞翻后，干脆懒洋洋地平躺下来，这一躺就是十几亿年。

天王星公转一圈需要 84 个地球年，它的四季如同史诗一般漫长，人世间已历经了一场生老病死的轮回。由于天王星几乎倾倒在公转轨道上，所以每逢至日前后，它的一个极点会持续指向太阳，另一个极点则背向太阳，完全隐没在黑暗之中。极点的极昼或极夜将持续 42 年，直到天王星运行到轨道的另一侧，转为另外一极指向或背向太阳。

| 呈新月形的天王星，"旅行者 2 号"探测器飞离天王星时拍摄。　来源：NASA

☿ 破碎之星

就目前所知，天王星拥有 27 颗卫星，其中 5 颗足够大也足够重，在自身引力作用下成为球形。有些卫星的命名与它所环绕的行星有关，比如：火星的卫星得名于阿瑞斯的两个儿子，木星的卫星得名于宙斯的情人或后代，土星的卫星得名于克洛诺斯手下的提坦神。然而天空之神乌拉诺斯众叛亲离，所以天文学界另辟蹊径，转而用莎士比亚和蒲柏戏剧中的人物来为天王星的卫星命名。

天卫五米兰达是一颗怪异的卫星。这颗崎岖残破的星球就像拼拼凑凑的弗兰肯斯坦，山脉、峡谷、高地、沟壑、断崖、陨击坑混乱地交错在一起，地表没有任何规律可言。无论走到哪里，所见都是神秘怪异的景物。为什么这颗卫星如此杂乱无章？其中一个令人惊悚的答案是：在遥远的过去，天卫五曾被不速之客撞得四分五裂，之后残碎的躯体又在引力作用下组合到一起，方才呈现出如此支离破碎的模样。

| 天卫五复杂残破的地形，正中下方为阿隆索陨击坑，右下角为维罗纳断崖，"旅行者 2 号"探测器拍摄。　来源：NASA

群星与众神
天文浪漫神话

天卫五拥有太阳系最高的悬崖——维罗纳断崖。这座以罗密欧与朱丽叶故乡为名的悬崖高达 20 千米，站在崖顶向下看去，那无底的深渊会紧紧攫住人的心。

♂ 命名风波

天王星于 1781 年被英国天文学家威廉·赫歇尔发现，这是人类通过望远镜发现的第一颗行星。在天王星步入视野之前，人们一直认为土星是太阳系的尽头，然而赫歇尔的所见令太阳系半径扩大了一倍！可想而知，这在当时天文学界引发的轰动有多么大了。赫歇尔提出用他的赞助人英国国王乔治三世的名字为这颗星球命名，将它称为"乔治之星"。但法国人反对用英国国王的名字命名新星，

| 威廉·赫歇尔肖像，莱缪尔·弗朗西斯·阿博特绘

他们宁愿称它为"赫歇尔之星"。最终，德国天文学家约翰·波得提出，以希腊神话中天空之神乌拉诺斯来为这颗行星命名，这才得到了普遍认同。他的理由是：太阳系中的第五颗行星木星以神王宙斯为名，第六颗行星土星以宙斯的父亲克洛诺斯为名，以此类推，第七颗行星则应该以克洛诺斯的父亲乌拉诺斯为名。

♂ 天神的执念

乌拉诺斯是天空的化身。世界诞生之初，盖亚不依靠任何神灵的帮助，就从指尖创造了他，并把他作为自己的配偶。因此，我们

可以将乌拉诺斯看作盖亚体内阳性元素的结晶。生命由简单的单性繁殖过渡到了复杂的两性繁殖，宇宙也有了空间上的二元展开：盖亚和乌拉诺斯一个在下为大地，一个在上为苍穹。

在漫长的岁月里，天与地都处在你中有我、我中有你的抱合状态，生命失去了自由活动的空间，长夜遥遥无尽。盖亚怀孕临产，乌拉诺斯唯恐自己天空之神的尊位被后代夺走。他变得冷酷无情，将一个个想要出生的孩子强行塞回盖亚的肚子里。就这样，乌拉诺斯犯下了创世以来的第一桩罪行。

乌拉诺斯，喀麦隆发行的"行星守护神"系列银币之一

在盖亚的故事里，我们讲述了天空之神众叛亲离，最后被克洛诺斯重创。那一夜，从黑暗中传出凄惨至极的哀号，乌拉诺斯强忍着钻心的痛楚，厉声诅咒自己的儿子，旋即飞速逃走了。但神是不死的，即便身体遭受重创，也能在时间的疗愈下完好如初。正因如此，宙斯才会把普罗米修斯缚于高加索山的绝壁上，让雄鹰一遍遍撕裂他的肚腹，啄食他的肝脏。身体复原之后，高居苍穹之巅的乌拉诺斯再一次蠢蠢欲动，此时他不敢下来的唯一原因，就是曾受他虐待的子女——提坦神已成长为世界的主人。

当奥林匹斯神与提坦神之间的大战爆发时，乌拉诺斯喜极而泣："只要帮助宙斯击败克洛诺斯，我就又可以回去了！"他无比激动，一边狂热地摩擦云层，为宙斯制造闪电；一边奋力地扇动大气，用咆哮的狂风吹得提坦神睁不开眼睛……经过一场旷日持久的大战，奥林匹斯神终于成了最后的赢家。乌拉诺斯看见自己的克星——提坦神王克洛诺斯被打入塔耳塔洛斯深渊后，长舒了一口气，他终于可以王者归来。

| 《奥林匹斯神击败提坦神》，弗朗西斯科·巴耶乌绘

♂ 永失吾爱

"快点走！"波塞冬暴躁地催促着，一道巨浪如皮鞭般抽打在阿特拉斯宽大的脊背上。

"住手！把他交给我。"宙斯威严地说。

众神之间的战斗已经让大地伤痕累累，一旦乌拉诺斯从苍穹上扑下来，整个世界都会被黑暗吞没。宙斯想到一个两全之策，既可以惩罚阿特拉斯，又可以对付乌拉诺斯。那就是让阿特拉斯用身躯阻挡乌拉诺斯的俯冲，将他永永远远负在背上。

拨开云雾，乌拉诺斯鼓足力气猛地向下俯冲。忽然，他发觉身体被一道屏障牢牢地挡住了！一个巨人弓着躯干，绷紧全身肌肉，用双肩将他扛了起来。

| 《珀尔修斯与美杜莎》（局部），青铜像，本韦努托·切利尼作。来源：wiki commons

"阿特拉斯，你要干什么，让我下去！"乌拉诺斯拼命挣扎。焦雷在阿特拉斯耳边炸响，漫天冰雹劈头盖脸地砸落下来。阿特拉斯与剧痛搏斗，与时间对峙，头发、眉毛、胡子全都结满了冰碴，可他依然像山脉般静穆无声地挺立着。

这就是著名的提坦巨人力擎苍天的故事。在某个遥远蛮荒的地方，阿特拉斯用双肩支撑着整个苍穹。这一形象在西方古典建筑中经常被用于柱廊和顶板的支撑，即男像柱上。16 世纪末，地图学家墨卡托把阿特拉斯（Atlas）擎天图作为一本地图集的封面，人们争相效仿，久而久之，地图集就被称作"atlas"。

有一天，珀尔修斯砍下蛇发女妖美杜莎的头颅，在载誉而归的途中，他遇见了正扛着天空的阿特拉斯。这位饱经风霜的巨人终于开口道："我累了，请把美杜莎的脸对着我，让我变成一块石头吧。"于是在美杜莎的目光中，他渐渐石化成阿特拉斯山。

终于，乌拉诺斯接受了永失吾爱的残酷命运，他孤身在世界的最高处怅惘，盖亚成了他眼中永远的伤、心底永远的痛。有时他不小心落下几滴泪水，于是人间有了细雨；有时他禁不住撕心裂肺地痛哭，暴雨便从天空倾泻……乌拉诺斯再也无法和心爱之人相见，天地

| 阿特拉斯雕像，古罗马大理石复制品，原作于约公元前 1 世纪。来源：wiki commons

间氤氲的水汽成了他与盖亚最后的纽带。

☿ 神话的分野

每个民族都有自己的神。乌拉诺斯、克洛诺斯、宙斯这三代神王在中国神话中对应的人物大概可以算是开天辟地的盘古、体察自然的伏羲与重建秩序的黄帝。不难看出，中国的神富有强烈的社会责任感，一心一意为大众谋求福祉，是天下人的道德楷模。反观希腊神，他们时而光明伟岸，肩负起从混沌中开创文明的重任，时而又利令智昏，作出残暴自私的行径。为什么希腊神如此道德混乱，与中国神崇高庄严的面貌大相径庭？

神话可以追溯到遥远的史前时期。各族先民在面对变幻莫测的大自然时，惊奇、惶惑、恐惧、崇敬等心理都是相似的，他们创造出来的神话传说都是光怪陆离的。在代代相传的过程中，这些神话被不断加工与整合。中国神话经历代史官记录，他们具有强烈的现实关怀，拣选、记录的神话带有浓重的伦理色彩。而希腊神话由吟游诗人传唱，诗人以裸露剧痛和狂喜为天职，总是尽情挥洒汪洋恣肆的情感与天马行空的想象。因而，中国神话重视教化大众、移风易俗，而希腊神话则善于刻画戏剧冲突和复杂的人物形象。

在希腊神话中，神与人同形同性，展现着人的自然本性和真实面目。在性格各异的众神里，古希腊人也塑造了一位无私的牺牲者——普罗米修斯，但仅此一位而已。至于私欲泛滥的三代神王，那不过是一些人间统治者的化身。他们的暴行能够提醒世人，不能放任权力无限膨胀。归根结底，希腊神话无非是滚滚红尘的写照，纵使三千年白云苍狗、花开花谢，它依旧述说着生灵的七情六欲，吟唱着世间的悲欣交集。

NEPTUNE

Poseidon

第十篇　海王星
波塞冬：怒焰惊涛

　　蔚蓝色的海王星坚守在太阳系行星世界的尽头。寒冷外层与火热内核之间的巨大温差催生出太阳系速度最高的风暴，如同一言不合就怒气冲天的海王波塞冬。

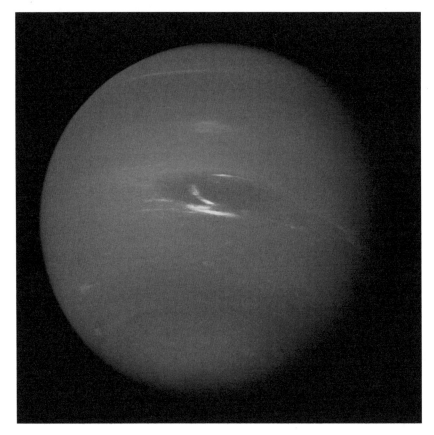

| 海王星上的大黑斑，"旅行者 2 号"探测器绿色与橙色滤镜窄角相机拍摄，
1989 年 8 月 25 日。　来源：NASA

♆ 最后的巨人

　　如果我们把地球和金星当作一对热情洋溢的姐妹，那么海王星和天王星则是一对冷若冰霜的兄弟。海王星和天王星的体积、质量大致相同，也有着相似的化学组成：氢和氦构成大气层，包裹着可能存在的液态的水–氨海洋和岩石核心。二者就连肤色都相差无几，因甲烷而呈现神秘的蔚蓝。这对兄弟远离太阳，因而被称为"远日行星"。自从 2006 年冥王星被排除出行星行列，海王星就孤独而执

着地坚守在了太阳系行星世界的尽头。

海王星距离太阳大约 45 亿千米，这里的光照相当于地球的九百分之一。它云顶温度极低，为零下 218 摄氏度，只比天王星云顶温度稍高。在冷冰冰的外表下，海王星却深藏着一颗炽热的心。在海王星深处，不断积累的气压将下方的大气挤压成液态，让海王星名副其实地拥有了一大片"海洋"。然而，这片海与地球上滋养生命的水大不相同，它是水、氨、甲烷等的混合物，对生灵绝不友善。穿越这片炙热之海将抵达海王星的心脏——一个和地球大小相当，几乎同太阳表面一般灼热的岩石内核。正是海王星寒冷外层与火热内心之间的巨大温差催生出太阳系速度最高的风暴，速度高达 2 100 千米每小时！相比之下，地球上有确切记载以来最强烈的 17 级台风"泰培"，最高速度也只有 305 千米每小时。

1989 年 8 月 25 日，"旅行者 2 号"探测器近距离飞掠海王星时，在它的南半球拍摄到一处狂野的风暴。这是一个能吞下整个地球的反气旋风暴，和木星上的大红斑相比，它更加黑暗深邃，被人们形象地称为"大黑斑"。1994 年，当哈勃望远镜再次拍摄它时，大黑斑居然消失得无影无踪了。没过多久，在海王星的北半球涌现出一个新风暴，称作"北部大黑斑"。这证明海王星大气变化速度极快，它表面席卷着一个又一个汹涌澎湃的巨型风暴，恰如一言不合就怒气冲天的海神波塞冬。

海王星已发现有 14 颗卫星。它们的名字全部来自希腊罗马神话里生活在水中的神。其中最大的一颗——海卫一，质量占 14 颗卫星总质量的 99.5%，它以波塞冬之子特里同为名。这颗卫星直径大约为 2 700 千米，小于月球，但是它比月球要光洁许多。海卫一是一处冰封的仙境，表面覆盖着大片粉色、红色和蓝色的冰帽。尤为迷人的是，它还拥有多处气势磅礴的氮气喷泉。在内部能量作用下，地表下的液态氮不断汽化产生高压，最后从地表裂缝急速冲向近万米的高空。这擎天柱般的壮美景象令地球上的喷泉望尘莫及。

海卫一的运行轨道十分奇特，它是太阳系唯一公转方向与行星

| 海卫一，由"旅行者 2 号"探测器橙色、紫色与紫外滤镜相机拍摄的多张图片合成。　来源：NASA

自转方向相反的大卫星。天文学家认为这个逆行者本是柯伊伯带里的天体，后来偶然来到海王星附近，被行星强大的引力一把拽了过来，从此不得不每 141 个小时围绕着海王星旋转一圈。这种循规蹈矩的生活能维持下去吗？显然不能。根据推测，大约 14 亿至 36 亿年后海卫一就会到达洛希极限 *。届时，这颗倔强的星球将以长久郁积的能量冲向海王星，一头撞进它的大气层，被潮汐力撕成碎片。

♆ 海王星之名

海王星于 1846 年被天文学家发现。它是迄今第一颗，也是唯

---

* 洛希极限，一个小天体自身的引力与一个大天体造成的潮汐力相等时的距离。当两个天体的距离小于洛希极限，小天体就倾向碎散。

一先用数学公式计算出来，之后才由望远镜确认的行星，因此被誉为"笔尖上的行星"。由于公转轨道半径很大，海王星需要近 165 年才能绕日一圈。这样，从被发现的那天起，它才于 2011 年公转完了一圈。而今日地球上熙熙攘攘的 70 多亿人，没有一个能见到海王星的第二次回归。由此看来，时间真是神秘而又残酷，恰如诗人感叹，"如残叶溅血在我们脚上，生命便是死神唇边的笑"。

谈起星球的中文名，金、木、水、火、土五颗星得名于中国的五行，可为什么天王星、海王星和冥王星却来自希腊罗马神话？其实，中国人和西方人在给这些星球起名时，都是把星球的某些特征与

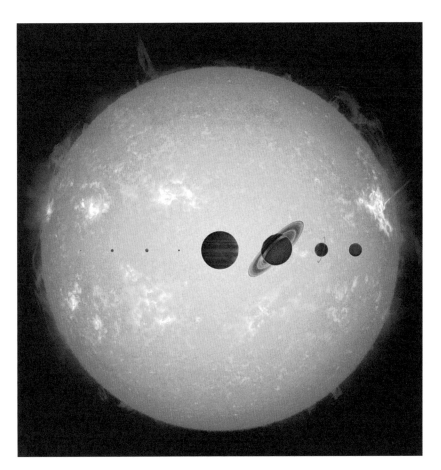

| 太阳与八大行星，示意行星间及与太阳的大小比例，而非位置关系，艺术渲染图。 来源：NASA

自身的文化传统相结合。中国取自五行学说，西方则对应希腊罗马神话中的神。金、木、水、火、土五颗行星在夜空中比较明亮，凭借肉眼就能够观察到，中国古人早早就认识了它们。更加遥远暗淡的天体必须借助望远镜才能观测到，因此从天王星开始就"不在五行中"了。直至近代科学发展、西学东渐，国人方才了解到它们的存在，可是又没有传统的名称能够与之对应，于是便顺理成章地沿用了其在希腊罗马神话中的名字。这就是九颗星中文名"中西合璧"的由来。

海王星的视星等，即肉眼能够观察到的星体亮度，为 7.85（肉眼几乎看不见比 6 更暗的星）。在天文望远镜里，这颗星闪烁着荧荧蓝光，很像辽阔无垠的大海。于是天文学家用罗马神话里的海神尼普顿来为它命名，而尼普顿则源于希腊神话中大名鼎鼎的海神波塞冬。波塞冬有一柄威力无穷的三叉戟，这是独眼巨人为他量身打造的武器。每当临风狂舞时，他都能使大地摇撼，海啸山崩，于是人们诚惶诚恐地将他称为"撼地者波塞冬"。时至今日，这柄三叉戟的魅力依然不减，从海王星的天文符号 ♆ 到玛莎拉蒂的车标，都来自这件武器。

♆ 双面波塞冬

击败提坦神后，宙斯、波塞冬、哈得斯三兄弟通过抽签来瓜分世界。宙斯抽到了天空，成了天王；哈得斯抽到了冥界，成了冥王；波塞冬则成了汪洋大海的主人——海王。波塞冬不仅是海洋的主宰，也是河流、湖泊、泉水里众多神灵共尊的王，可谓"宙斯之下，众生之上"。波塞冬的脾气几乎和战神阿瑞斯一样暴躁，他桀骜不驯，喜怒无常，有强烈的虚荣心。当人类对他毕恭毕敬时，他赠予清泉，慷慨地提供丰饶海产，并保护航海者们在宁静的海面上顺利往返。一旦人类冷落忽视他，他又会怒气冲冲，先发动毁灭性的地震，再用滔天巨浪吞没城市，此时弱小的人类只能眼睁睁看着

| 《朱庇特、尼普顿与普路托*瓜分世界》，朱利奥·博纳松绘

灾难到来。

　　波塞冬还具有艺术家所特有的敏感和激烈。他身为众水之王，内心激情澎湃，使人不禁想起被激情吞没的海子与梵高。为了赋予汹涌的海浪以血肉，波塞冬创造出自由奔放的野马，驯服后赠送给了人类，因此他又被称为"马神波塞冬"。每当万马奔腾的时候，他犹如欣赏席卷天地的惊涛骇浪。海洋无疑是维

| 尼普顿半身像，古罗马铜质船配件，作于约1至2世纪。 来源：wiki commons

* 普路托，哈得斯在罗马神话中对应的神。

| 《波塞冬驭海出行》，伊万·艾瓦佐夫斯基绘

系希腊文明的生命线，波塞冬主宰了海洋也就主宰了一座座城邦的兴衰。所以，古希腊人常常在海边向他献祭骏马，希望能以此取悦波塞冬，换来一方海域的安宁与丰饶。

波塞冬娶了自己一见钟情的海洋女神安菲特里忒，夫妻二人共管海洋，如同宙斯与赫拉共治天空。但正如他的象征——地震、野马、海啸，波塞冬的欲望同样是不受约束的，他甚至比宙斯更加野蛮。他不顾美杜莎的苦苦哀求，在雅典娜的神庙中占有了她，这间接导致美丽的少女变成满头蛇发的怪物。他强暴了色萨利最美的姑娘凯尼斯，然后许诺凯尼斯可以实现她的一个愿望。凯尼斯回答说，她再也不想做女人受辱了，于是波塞冬立即把她变成了男儿身。波塞冬爱上了姐姐得墨忒耳，得墨忒耳为了逃避波塞冬的追逐，变成一匹母马藏身于马群之中，结果波塞冬紧跟着变成一匹公马……波塞冬恰如汪洋大海，他的行为神秘难测。他既是恣意妄为的暴君，又会意想不到地展现出温柔慈悲的一面。

♆ 被诅咒的国王

厄律西克同是色萨利飞扬跋扈的国王，他厌恶永生的神祇，对大自然中的生灵也不存在一丝一毫的爱护。在他的国度里有一片属于谷物女神得墨忒耳的圣林，林中最大的一棵橡树几乎和山脉一样古老。这棵直插云霄的巨木需要数十人才能够合抱，它葱茏繁茂的枝叶就像一片绿意盎然的海洋。千百年来，人类和仙子都在这片浓荫下跳舞唱歌，纵情欢乐。

"你们带好斧头和锯子，跟我一起去把那棵橡树砍了！"厄律西克同厉声吩咐仆人。他决心狠狠地羞辱女神，让人们知道谁才是这片土地上的王。

可是到了橡树前，所有人都呆呆地立住了。无论国王怎么怒责，没有一个人敢挥动斧头。

"你们这些懦夫，看我的！"厄律西克同用尽力气向大树砍去。白森森的木屑飞溅，树液如鲜血般顺着树干流淌。

这时，一名勇敢的仆人冲出人群，张开双臂死死挡在大树前："陛下，这棵树比所有的人类王国都要古老，您不能砍它！"

"好，那你就给它陪葬吧！"厄律西克同手起斧落，仆人的头掉了下来。

厄律西克同日复一日砍伐大树，橡树的伤口越来越深。终于有一天，它轰然倒下了。此刻，鸟兽都悲鸣起来，寄身其中的护林女神也香消玉殒。

当山林深处的震动传到得墨忒耳耳中时，谷物女神悲愤极了。她派一位使者前往斯库提亚山中寻找饥饿女神利摩斯，要向这个残暴的国王降下最严厉的惩罚。在一片不毛之地，饥饿女神出现了。她面色苍白，双目凹陷，皮肤粗糙，一根根肋骨突兀地支起腰腹。使者吓坏了，她远远地大声说："我来传达得墨忒耳女神的旨意。请把气息吹进厄律西克同的嘴里，让他的

131

海王星
波塞冬：怒焰惊涛

| 《厄律西克同出卖女儿迈斯特》，扬·斯特恩绘

血管渗满饥饿，无论吃下多少东西都无法感到饱足。"

"咯咯咯咯。"饥饿女神发出一连串令人毛骨悚然的笑声。

那一夜，厄律西克同梦见餐桌上摆满了香气四溢的山珍海味。他止不住地舔嘴唇磨牙齿，口水流得满床满地。

"好饿啊！"国王醒来后，空荡荡的肠胃仿佛燃烧起来。他像发了疯一样寻找食物，命令仆人打开粮仓，又把天上飞的、地上长的、水里游的统统端到桌上。他没日没夜地吃，粮仓吃空了，开始卖土地，卖家什，就连宫殿也卖掉了。可他的肚子就像裂开了一道森然巨口，塞进去的食物越多，饥饿感就越强烈。

Ψ 波塞冬的公主

国王成了一贫如洗的穷光蛋。他瞪大饥饿的双眼，看到白皙甜美的独生女跟着自己遭罪，既满心羞愧，又愤恨得咬牙切齿。

"现在除了咕咕乱叫的肚子，我什么都没有了。迈斯特，我养大了你，你最后报答我一次吧。"说完，被饥饿折磨得失去理智的国王把亲生女儿一路牵引到奴隶市场上售卖。

一位富有的商人买下了迈斯特。就在他指挥船夫将一袋袋谷物交给厄律西克同时，可怜的姑娘感到一阵钻心的苦楚。莹莹泪珠顺着她的脸颊滚落下来，她向着大海祈祷："伟大的波塞冬，请拯救我脱离即将沦为奴隶的命运吧！我一定会用余生赞美您、侍奉您。"

波塞冬听到了迈斯特的祈祷。忽然，海面出现一道金光闪闪的水波，海神从中跃起，在迈斯特面前现出真身。迈斯特看着这位高大魁梧、目光如炬、长发像瀑布般飘逸的神，不由得发出惊叹："海神，您真的来救我了！"波塞冬用温暖厚实的手掌轻抚迈斯特的额头，把她变成了一名渔夫。

伴着明澈的月光，迈斯特走了很久，才回到父亲寄身的破屋里。此时她又变回了楚楚动人的模样。听到女儿绘声绘色地描述波塞冬的神显时，厄律西克同感动得老泪纵横。可受到饥饿女神诅咒的他又如何能改变自己的命运呢？他不得不再一次出卖美丽的女儿。

就这样，每一次迈斯特被卖掉时，波塞冬都会英雄救美，有时把她变成飞鸟，有时把她变成马，有时把她变成小猫……善良的女儿不忍心看到父亲忍饥挨饿，一次次主动回到家里，用这种无可奈何的方式养活自己的父亲。

终于有一天，迈斯特对父亲失去了留恋，她随恩人波塞冬远渡重洋。在一片遥远而陌生的土地上，她与波塞冬生育了儿子俄古革斯。

饥饿难耐的厄律西克同再也寻找不到食物，便以自己的身体为

133

海王星

波塞冬：怒焰惊涛

食。据说，他那副永远饥饿、永远等待进食的牙齿至今还在某个杳无人迹的深山中咔咔作响。

♆ 骇浪滔天

尽管统领辽阔大海，坐拥金色宫殿，并拥有"海神""马神""撼地者"等一系列伟大头衔，但波塞冬对权力的渴求就像厄律西克同对食物的欲望一样，永远也没有满足的一天。他总对宙斯的神王之位虎视眈眈。在他心中，唯有自己才应该是全宇宙独一无二、至高无上的王。波塞冬曾和多位神争夺城邦守护神的地位，可是在最终的较量中，他屡屡成为失败的一方。

在阿提卡半岛西侧有一座繁荣富庶的城市。海神波塞冬很早就喜欢上了这个地方，他来到城市中心，向万民展现神迹。波塞冬用

| 《密涅瓦的故事：密涅瓦与尼普顿之争》，勒内－安托万·胡安斯绘

三叉戟猛击一块岩石，从地下喷出一股强劲的泉水。可因为他是海神，这成了一处无法饮用的咸水泉。另一位争夺这座城市的神是雅典娜。她用长枪敲击岩壁，霎时间，一株青翠欲滴的橄榄树从贫瘠的岩石上破土而出。

智慧女神带来的橄榄既是可口的食物，又能榨出油脂照亮漫漫长夜，因此人民选择了雅典娜，并把她的城市命名为雅典。波塞冬恼羞成怒，把江河湖海的神灵召集到一起。他高高挥舞手中的三叉戟，叫喊道："一起来大干一场吧！"雅典最大的水灾暴发了。很快，汹涌的洪水漫过墙和屋顶，人们拼命逃向坐落在山顶的卫城。他们惊魂未定地回望家园，发现整座城市已化作一片滔天巨浪。

水变幻莫测，迷人而又危险。它既可以滋养万物，泽被苍生，又能冲决堤坝，恶魔般狂啸着洗劫一切。在这种难以驾驭的自然伟力前，中国古人创造出水神共工，他是一位性格气质与波塞冬惊人相似的神，也是中国神话中少有的个性复杂的人物之一。共工帮助初民发展农业，浇灌出五谷丰登的金色大地，因而广受人民爱戴。洪水暴发时，又是共工挺身而出，率领万民构筑大堤阻隔洪水。终于，水患平息了，共工以拯救者的姿态，要求取代颛顼成为天下共尊的神王。

然而，颛顼制定历法、创始九州，无论根基还是威望都远在共工之上。共工失败了，自尊心遭受重创。不可遏止的激愤在胸膛中燃烧，他恨颛顼，也恨所有受他恩惠却没有给予他支持的人。他日复一日在蛮荒深处自我放逐，忽然抬头看见直入云霄的擎天之柱不周山。共工心底生出一个骇人的念头：让这卑鄙的世界为我殉葬吧！他鼓起平生所有气力，以必死的意志一头撞向了不周山。伴随着大地的摇撼与震天的巨响，"天柱折，地维绝"，擎天柱与系地绳断裂了，天向西倾斜，日月星辰从此向西运行，大地向东塌陷，江河从此向东奔流。

PLUTO

Hades

第十一篇　冥王星
哈得斯：冰封的心

　　寒冷孤寂的辽远深空中，冥王星向世人捧出一颗徐徐跳动的心；幽暗死寂的地下王国里，居住着冥王哈得斯与冥后珀耳塞福涅。

| 冥王星，彩色增强图片，由"新视野号"探测器拍摄的蓝色、红色与红外图像合成。 来源：NASA

♇ 冥王星之心

　　冥王星距太阳大约 60 亿千米，是一个幽邃的冰封世界。这里，阳光如同磷火一般闪耀在昏暗天空的一隅，即便正午时分，太阳四周的亮度也不会超过地球上朦胧的黄昏。冥王星的直径大约为 2 376 千米，体积大约是月球的三分之一，质量只有月球的六分之一，引力非常微弱。我们纵身一跃，可以跳出七米多高，然后像轻盈的羽毛一样降落在崎岖的冰面上。

由于距离太阳过于遥远，冥王星表面温度一直徘徊在零下 240 至零下 220 摄氏度之间。它外层的氮气被冻成坚冰，紧紧包裹住岩石内核。2015 年 7 月 13 日，"新视野号"探测器飞掠冥王星时，意外地发现冥王星上有一片宽广明亮的区域，它的形状像极了一颗爱心！这一极寒之地的美妙图案令研究团队欣喜若狂。仅仅过了一夜，NASA 便在新闻稿中宣布："冥王星有一颗心。"

正如诗人萨松的名句"我心有猛虎，细嗅蔷薇"，当世人眼中坚硬如铁者忽然展现温柔的一面时，往往最容易触动人心。很快，"冥王星在冰冷和黑暗中紧紧怀抱着一颗爱心"成了公众热议的话题。商家第一时间制作出 T 恤、贴纸、毛绒玩具、定制珠宝等产品，网络上"冥王星比心"的表情包更是层出不穷。那一年，许多人都和冥王星心心相印。

"新视野号"传回的图像显示，冥王星有着复杂的地貌特征。这里冰川高耸、沟壑纵横、峡谷绵延、悬崖陡峭，形同冻僵了的火星。唯独横跨近千千米的"冥王星之心"出人意料地平坦而光滑，这是为什么呢？原来这颗心最初是一片巨大的撞击盆地，后来在冰川运动的作用下，巨量氮冰从四面八方缓缓汇入盆地，逐渐将凹陷之处充盈起来。在这片冰封的心形区域深处，还可能蕴藏着海洋。

| 冥王星上日落时分壮丽的高山、冻原与薄雾，"新视野号"探测器拍摄。　来源：NASA

冥王星之心虽然巨大而冰冷，但在一些科学研究者眼中，它有如人心一般在富有节律地跳动着。广阔的心形盆地就像一座巨大的冷库。白天，一层薄薄的氮冰受热升华为蒸气；到了夜晚，温度降低使得蒸气再度凝结为氮冰。这种氮的周期性升华–凝结的现象被诗意地称作"冥王星的心跳"。"心跳"催生出显著的大气对流，泵送着环绕星球的氮风，一刻也不停息。

♇ 不离不弃的伴侣

在大半个世纪里，冥王星被教科书列为九大行星之一，忠诚守卫着太阳系寒冷荒芜的边疆。但随着天文知识的拓展，人们发现在海王星轨道之外，一个名叫柯伊伯带的圆盘状区域中，散落着大量类似冥王星的天体，其中有些甚至可能比冥王星更大、更重。比如2005年发现的阋神星，它的体积仅次于冥王星，质量是冥王星的127%。此时，如果依然把冥王星当作行星，那么太阳系的行星数量或将达到数十颗之多。

于是，国际天文学联合会于2006年发布新定义，规定行星必须满足三个条件：第一，必须围绕恒星运转；第二，质量必须足够大，能在自身引力作用下大致呈球形；第三，必须清除轨道周围的小行星，没有更大的天体与它共享公转轨道。

正是第三个条件使冥王星被排除出行星行列，归入一个新的天体类别——矮行星。冥王星被降级的消息一出，就引发了强烈抗议，一些心系星空的人不愿舍弃这份珍贵的文化记忆与情感积淀，至今依然在为恢复冥王星的行星地位奔走呼号！

| 冥王星系统，艺术概念图。　来源：wiki commons

冥王星被行星世界抛弃了，它会悲伤吗？我们不知道。但是，它一定不会孤独。冥王星目前已知有五颗卫星，全部以希腊神话中冥界的神或动物来命名，分别是：冥河艄公卡戎、黑夜女神尼克斯、九头蛇许德拉、地狱三头犬刻耳柏洛斯、仇恨之河的女神斯堤克斯。

其中最大的一颗——冥卫一卡戎，直径大约为冥王星的一半。在冥王星的天空中，它独一无二，赫然在目，大小超过地球天空中满月的六倍。由于体积、质量相差并不悬殊，冥王星和冥卫一更像是一对彼此环绕的双星。尤为浪漫之处在于，两颗星自转周期相同，始终以同一面朝向对方，如同在彼此凝视。

♇ 地下主宰

冥王星于 1930 年被美国天文学家克莱德·威廉·汤博发现。由于处在太阳系遥远的边缘地带，这一天体在人们心中充满神秘幽暗的色彩。当时，一位痴迷希腊罗马神话的十一岁女孩威妮夏·伯尼满怀期待地说："不如把这个黑暗又阴沉的星球叫作'冥王星'吧！"她的外祖父将女孩的愿望告诉了牛津大学的天文学教授。经过英国皇家天文学会和美国天文学会评审，女孩提出的名字获得了学界的一致同意。从此以后，这位仰望星空的女孩就永远和地下世界的主宰联系在了一起。

在希腊神话中，冥王的本名叫哈得斯，意为"不可见者"，任何生者都无法窥得他的真貌。人们

| 克莱德·威廉·汤博与他自制的 9 英寸望远镜。 来源：wiki commons

通常不敢直呼他的名字，害怕不小心把他喊来，继而一命呜呼。为了取悦他，古希腊人、古罗马人转而称他为"普路托"，也就是财富的意思，意指财富来自大地之下：无论谷物、果蔬等多种地产，还是金银、宝石等多样矿藏，都源自地下，都是冥界之王慷慨的馈赠。冥王星便取自冥王的别称"普路托"（Pluto）。

哈得斯半身像，古罗马大理石复制品，原作于公元前5世纪。　来源：wiki commons

哈得斯是波塞冬与宙斯的兄长，当初三兄弟抽签瓜分世界时，他手气最差，抽到了冥界。从此以后，温暖的阳光、广阔的大海、鲜活的生命纷纷离他远去，他周遭弥漫着死亡的气息，唯有游荡的亡魂与狰狞的怪兽与他为伴。在艺术作品中，哈得斯通常被描绘成面容冷峻的老者。他手握双股叉，时而端坐于宝座之上，时而驾驭黑色骏马拉的马车，在他脚边总蜷伏着那条狰狞可怖的地狱三头犬。

至于哈得斯是否心甘情愿，我们不得而知，但他接受了命运的安排，成为亡魂和瘟疫的管理者。哈得斯建立起自己的地下王国，与生者的世界隔绝，他的名字就此成为冥界的代称。中国有句古话"黄泉路上无老少"，无论国王还是乞丐，懦夫还是英雄，所有凡人终有一天会归入哈得斯的世界。

在人们的想象中，黑暗与邪恶有着天然的联系。但是，掌管黑暗冥界的哈得斯绝不是一位恶神。他在地下生活得太久了，情感被压抑了，性格变得安静而冷漠，对待所有事情都秉持统一的法度，很少在情绪的影响下作出不公正的评判。哈得斯的王国不是带有惩罚性质的地狱，它仅仅是死者的归宿而已。至于那些罪恶深重者或宙斯的仇敌，他们多半会被打入比冥界更幽深的地底——塔耳塔洛斯深渊。

P 幽冥旅程

冥界蜿蜒流淌着五条大河：仇恨之河斯堤克斯、火焰之河佛勒革同、痛苦之河阿刻戎、遗忘之河勒忒、悲叹之河科库托斯。其中最神圣的就是斯堤克斯河。一旦对着斯堤克斯河发下誓言，就具有至高无上的庄严性。没有任何一位神敢于出尔反尔。

斯堤克斯河还有神奇的魔力，浸在其中能够刀枪不入。阿喀琉斯出生时，他的母亲忒提斯抓着他的脚踵，把他浸在斯堤克斯河的圣水里。可唯独母亲抓握的地方没有沾到水，成了阿喀琉斯唯一的致命弱点，导致这位英雄最终在特洛伊战争中因脚踵中箭而死。著名典故"阿喀琉斯之踵"就来源于此。

人死之后，赫耳墨斯负责接引亡魂，送他们踏上前往冥府的单程旅途。穿过一大片阴郁荒凉的原野后，亡魂会抵达冥河岸边。此时，一条残破不堪的独木舟从黑暗中缓缓划来，船夫卡戎衣衫

| 《卡戎摆渡灵魂》，何塞·本柳雷绘

褴褛、须发蓬乱。亡魂必须交给他一枚钱币才能渡过冥河，否则
会在岸边无助地徘徊整整一百年。在深受希腊罗马文化影响的地
区，下葬时亲朋好友往往会在死者的眼皮上或嘴里放钱币，因为就
连阴间也是嫌贫爱富的。至于卡戎垄断摆渡业获取的巨额船资，他
从未用来改善自己的生活品质。这一大笔钱的去向，至今仍然是个
不解之谜。

　　别以为渡过冥河亡魂就能安息，在冥府入口处，凶神恶煞的地
狱三头犬逼视着每一个战战兢兢的亡魂。刻耳柏洛斯是万兽之王堤
丰和蛇妖厄喀德那的儿子，它生有龙的尾巴，全身上下盘绕着一条
条毒蛇。刻耳柏洛斯作为冥王哈得斯最忠实的仆从，严格履行着守
卫冥府的责任。它任由亡魂进入冥府，但谁若企图重归尘世，就会
被它咆哮着撕成碎片；与此同时，那些想要寻亲的活人也被阻吓在

| 《普路托与刻耳柏洛斯》，梅尔滕·范·海姆斯凯克绘

一 《珀耳塞福涅》，但丁·加百利·罗塞蒂绘

冥府之外。传说刻耳柏洛斯最大的喜好就是吃甜品，于是亲友下葬时，古希腊人、古罗马人往往会在棺材中放入一块蜜饼，好让饕餮甜食的刻耳柏洛斯变得温驯，不至于吓坏了死者悲伤的灵魂。英文短语"throw a sop to Cerberus"（行贿）正是由此而来。

♇ 冥王的爱

在漫长的岁月里，哈得斯都与世无争地统治着冥界。也许是孤单得太久了，也许是往昔温暖的回忆悄悄溜入了他的梦境，某天，

| 《劫掠珀耳塞福涅》，伦勃朗绘

哈得斯不由自主地来到了生者的世界。忽然，他发现一位身姿窈窕、皮肤光洁晶莹的女子正用心采摘着朵朵鲜花。哈得斯被这美妙温馨的情景打动了，他终于意识到自己一直以来缺失爱情。

　　珀耳塞福涅看到一株婀娜多姿的水仙花，就在她弯腰采摘之时，哈得斯猛然现身将她一把掳起。紧接着，大地裂开，哈得斯不顾珀耳塞福涅的挣扎哭喊，把她带入冥府。

| 《珀耳塞福涅回归》，弗雷德里克·莱顿绘

珀耳塞福涅失踪后，她的母亲——谷物女神得墨忒耳开始疯狂地寻找女儿。她走到哪里，呼喊声就在哪里响起，山林、水泽、原野、荒漠响彻着一声声撕心裂肺的呼唤。但天地间谁都不敢开罪冥王，就连珀耳塞福涅的亲生父亲宙斯，也不告诉她女儿的下落。谷物女神得墨忒耳绝望了，她荒废了工作，大自然没有了生息繁衍的力量，百谷枯萎，生灵濒于灭绝。当前所未有的大饥荒降临时，宙斯害怕了，如果不再有凡人献祭，众神的荣耀也无法维持。于是，他赶忙在哈得斯与得墨忒耳之间调解。但宙斯内心还是偏向哥哥哈得斯的，因为如果不是哈得斯统治着冰冷而充满死亡气息的幽冥国度，亡魂就会拥入生者的世界，制造出无穷无尽的灾难。况且形单影只的哈得斯仅仅向他提过一个要求——与珀耳塞福涅相伴。

于是，宙斯一面允诺得墨忒耳，只要珀耳塞福涅没有吃过冥界的食物，就可以立即离开，一面差遣赫耳墨斯火速赶往冥间，告诉哈得斯快快拿东西给她吃！珀耳塞福涅得知自己可以回家的消息时，终于破涕为笑，接过哈得斯殷勤递来的石榴，开心地吃下了几粒石榴籽。就这样，珀耳塞福涅无法完全离开冥界了。每年有九个月时间，得墨忒耳可以迎回女儿，这期间百谷生长，瓜果飘香。剩下的三个月，女儿必须重返冥界，她又会陷入周期性的消沉抑郁，于是冬天到来，万物凋零，死气沉沉。这就是古希腊人、古罗马人对四季变化的一种解释。

最终，珀耳塞福涅适应了阴阳两界的生活，她成了颇有手腕的冥后，与哈得斯共同管理冥府，安置不计其数的亡魂。

CERES

Demeter

第十二篇　谷神星
得墨忒耳：爱与毁灭

谷神星是一片宏阔庄严的冰封世界。幽暗的星球表面闪耀着神秘的亮斑。那冷寂的光芒也许会使人心中生起一股寒意，恍然间记起谷物女神得墨忒耳曾一怒而天下寒。

| 谷神星，接近真实色彩，由"黎明号"探测器红色、绿色与蓝色滤镜相机拍摄的多张图片合成。　来源：NASA

♀ 千呼万唤始出来

谷神星曾是一颗预言中的星。早在 16 世纪，就有天文学家注意到太阳系行星轨道有如琴弦一般，由内向外依次排列，可唯独火星与木星之间有一个异常巨大的空隙。一直有人猜想，这里一定盘桓着一颗星。到了 18 世纪后半叶，提丢斯、波得两位科学家研究出一套计算行星距离的公式。根据他们的测算，太阳系行星按特定比例排列，如果把太阳到地球的距离看为 1，那么在距离太阳 2.8 和 19.2 的位置上应该存在两颗人类尚未知晓的行星。

于是，一场搜寻未知行星的热潮开始了。1781 年，英国天文学家赫歇尔率先在距离太阳 19.6 的位置发现了太阳系的第七颗行星——天王星！这个消息如同一针强心剂，让天文学家与天文爱好者们精神振奋。无数双眼睛紧紧盯着火星与木星之间的空白地带，生怕遗漏任何关于未知天体的蛛丝马迹。1801 年元旦夜，意大利天文学家皮亚齐正聚精会神地凝视着浩瀚星空。忽然，他从望远镜里发现了一个轻盈闪烁的光点，不偏不倚恰好位于提丢斯-波得定则中 2.8 的位置上！千呼万唤的谷神星终于进入人们的视野。

很快，在谷神星附近的轨道上，智神星、婚神星、灶神星等天体如雨后春笋般显现了。天文学界终于恍然大悟，原来火星与木星之间存在着数量巨大的小型天体。这类天体无论体积、质量还是亮度都比不上已知的行星，于是将它们称为"小行星"，并把这片小行星大量存在的区域叫作"小行星带"。

从字面上看，"小行星"应该就是缩小版的行星，其实二者大不相同。让我们温习一下行星必须满足的三个条件：第一，必须围绕恒星运转；第二，质量必须足够大，能在自身引力作用下大致呈球形；第三，必须清除轨道周围的小行星，没有更大的天体与它共享公转轨道。

在此定义下，太阳系已知的行星仅有八颗：水星、金星、地球、火星、木星、土星、天王星和海王星。形态各异的小行星虽然围绕太阳运转，但它们既不是规则的球形，也与千千万万个小伙伴共享同一条公转轨道。这一字之差意味着不同的天体类型。

♀ 亘古冰原

大约有一个世纪，谷神星都被当成小行星家族的一员，但在这个繁荣兴旺的大家族里，它又如此与众不同。谷神星直径大约 950 千米，远超直径约 544 千米的第二大小行星智神星，质量更是占了主带小行星总质量的三分之一。如果一个天体的质量足够大，它远离中心的突出部分就会因自身引力缓缓下沉，最终它将被时光打磨成赏心悦目的大致球体。

谷神星刚好介于行星与小行星的分水岭上。比它更大的天体呈球形，比它更小、更轻的天体则呈千奇百怪的样貌。于是，2006年国际天文学联合会在把冥王星排除出行星行列的同时，一举把之前被认作小行星的谷神星提升到和冥王星平起平坐的位置上。谷神星因此成了内太阳系，即太阳系中太阳和小行星带之间的区域，独一无二的矮行星。

谷神星富含一种大多数星球都缺失的物质——水。这是一个宏阔肃杀的冰封世界。据估算，谷神星蕴含着大约2亿立方千米的冰，可能比地球上的淡水总量还要多。2015年，"黎明号"探测器进入谷神星轨道，在星球表面拍摄到数十处宏伟的隆起，其中有22处被认为是冰火山，最高的超过4千米。这些奇异的火山并不喷发炙热的熔岩，而是喷出液体或者气体挥发物，比如氨、水、甲烷。

谷神星表面的平均温度不超过零下40摄氏度，相当于将西伯利亚苦寒的一日拉长。可是在茫茫宇宙中，这已然是一个对人类

| "黎明号"探测器抵达谷神星，艺术概念图。 来源：ESA

| 阿胡那山，高度夸大至两倍，由"黎明号"探测器蓝色、绿色与红外滤镜相机拍摄
的多张图片合成。　来源：NASA

非常友好的温度了。此外，谷神星水资源丰富，地理位置优越，因此或许可以作为地球、火星与小行星之间优质的中转站。在科幻图书和影视作品中，谷神星是人类重要的星际移民地之一，比如在《无垠的太空》里，谷神星就是小行星带人反抗地球人与火

| 陨击坑与光斑，彩色增强图片，由"黎明号"探测器拍摄的多张图片合成。　来源：NASA

星人霸权的基地。

在谷神星表面陨击坑的底部有神秘的亮斑，这是沉积盐反射的光。冷寂的光芒使人心中生起一股寒意，此时无须酝酿，只要大声吟出海子的诗句，"黑夜从大地上升起／遮住了光明的天空／丰收后荒凉的大地／黑夜从你内部升起……草杈闪闪发亮，稻草堆在火上／稻谷堆在黑暗的谷仓／谷仓中太黑暗，太寂静，太丰收／也太荒凉，我在丰收中看到了阎王的眼睛"。一瞬间，你就可以体验痛苦破碎的意象，抵达情感的巅峰。

♀ 温婉的女神

谷神星之名取自罗马神话里的谷神刻瑞斯，刻瑞斯则源于希腊神话中掌管谷物生长的女神得墨忒耳。每当我们用牛奶冲泡麦片或者撕下一片香喷喷的面包时，其实都是在遥遥致敬这位神。谷神星的天文符号♀正是来自得墨忒耳手中收割农作物的镰刀。

｜《刻瑞斯》，让－安托万·瓦托绘

大地因其生生不息的特性为世人所赞颂。古希腊人对大地女神的崇拜由来已久，可以追溯至遥远的迈锡尼时代。大地是生命的根基，万物由之而生，终有一日又将归入她的怀抱。最初，盖亚作为众生的孕育者，拥有多种多样的职能，但随着奥斯匹斯神与提坦、巨灵、堤丰的三场争夺宇宙主宰权的大战尘埃落定，权力的天平彻底倒向以宙斯为首的奥林匹斯神，盖亚这位老祖母无可奈何地淡出了众神的舞台，丰饶多产这一属性则转给了得墨忒耳。

得墨忒耳是一位优雅谦逊、温柔善良的女神，位列奥林匹斯十二主神之一。她不像阿芙洛狄忒花枝招展，不像雅典娜英姿飒爽，也不像赫拉雍容华贵，在她身上凝聚着朴实无华的农业精神。在数不清的岁月里，得墨忒耳尽心守护着繁花似锦的大地，为世间植入绿色的喜悦并带来金色的收获。她教会男人耕种田地，教会女人研磨小麦和烘烤面包。她无论走到哪里，都有阵阵沁人心脾的轻风拂过，绵绵麦浪在广阔的田野上起伏，被阳光渲染成美妙的金黄色……

得墨忒耳半身像，大理石，作于 2 世纪上半叶。 来源：wiki commons

尽管从不参与众女神之间的争芳斗艳，得墨忒耳的美貌却丝毫不逊色于任何一位女神。她拥有小麦色的温暖肌肤，浑身散发着袭人的芬芳，微卷的金色长发自然地搭在肩上……因为天生丽质，得墨忒耳一度成了宙斯的第四任妻子。但女儿珀耳塞福涅出生后，沉静内敛的她就将神后之位转交出去，带着独生女去往人迹罕至的深山幽谷。此后，得墨忒耳的命运与她的爱女珀耳塞福涅紧紧连在了一起。

♀ 愤怒的母亲

我们讲述过冥王哈得斯强抢珀耳塞福涅的故事。这件事有如引爆了得墨忒耳心中的一枚炸弹，让我们见识到这位女神性格中无比刚烈的一面。女儿失踪后，得墨忒耳满世界游荡去寻找她。所有努

| 《得墨忒耳与珀耳塞福涅》，约翰·迪克森·巴顿绘

力都失败了，她把怒火倾泻到整个世界，不再工作。大自然失去了
生息繁衍的力量，史无前例的大饥荒降临了。

　　无数虔诚或者绝望的人跪在得墨忒耳曾祝福过的田野上，哭泣
声、呻吟声、祈祷声交织在一起，人们把一切可以找到的东西统统

塞进嘴里，却怎么也无法驱走饥饿。好容易乞得一小片面包，可还没来得及吞下肚子，就被丧失理智的其他饥民一把夺去。直到冥府挤得水泄不通，而凡间十室九空时，哈得斯与宙斯终于妥协，让珀耳塞福涅每年得以返回世间九个月。得墨忒耳这才让龟裂的大地重现生机。

得墨忒耳以生灵万物为代价的乾坤一掷，是希腊神话里著名的情节。人们谈论起这个故事时，往往都很欣赏她为保护女儿而甘愿与整个世界为敌的勇气。然而如果我们切换一个视角，这也许是个全然不同的故事。譬如有学者认为，得墨忒耳是个控制欲极强的母亲，她一心想要守护女儿的纯真，严禁珀耳塞福涅接触外面的世界。她把所有心血都用在女儿身上，为女儿自我牺牲、自我感动，作为回报，她要求女儿绝对尊敬与服从她。得墨忒耳相信女儿离不开她，其实是她离不开女儿，她忍受不了女儿的独立，必须用畸形的爱把女儿强留在自己身边。时时刻刻替女儿操劳，她才能忘掉自己的人生。于是可怜的珀耳塞福涅不堪重负，只有躲进幽深的冥府里，才能摆脱母亲的控制，呼吸一口自由的空气。

在这段寻找女儿的漫漫长路上，还发生了离奇曲折的故事。日日夜夜，得墨忒耳的心都被痛苦贯穿，她脸上挂着泪痕，容颜憔悴，在大地上失魂落魄地游走。波塞冬看到了这幅凄惨的景象，可他非但不伸出援手，反而被激起了狂乱焦灼的欲望，开始疯狂地向得墨忒耳求爱。得墨忒耳反感透了！

| 《得墨忒耳怀念珀耳塞福涅》，伊芙琳·德·摩根绘

她转身就跑，可波塞冬锲而不舍地在后面追赶。忽然，女神撞见了一片浩荡的马群，她赶紧变成一匹母马混入其中。可孤独无依的她又怎能逃过马神波塞冬的法眼呢？波塞冬紧跟着变成一匹公马。后来，得墨忒耳生下了神马阿瑞翁。这匹神马堪比乌骓、赤兔，后来成了大英雄赫拉克勒斯的坐骑，演绎出一段希腊版"人中吕布，马中赤兔"的传奇。

希腊无论男神女神都富有浪漫的天性，即便在一生中最黑暗的时刻也不忘擦出爱的火花。得墨忒耳路过一片深耕了三次的田地时，巧遇宙斯的儿子伊阿西翁。两人相见恨晚，不久后便生下了财神普路托斯。

宙斯虽然拥有不计其数的情人，可此时他看见前妻有了新的恋情，嫉妒得发狂，就发出一道闪电，把伊阿西翁烧成了黑炭。得墨忒耳万念俱灰。后来她之所以狠下心来和整个世界决裂，可能与神王三兄弟不断伤害她有关。他们一个抢走得墨忒耳的女儿，一个强暴她，一个用闪电劈死她的恋人，硬生生把这位善良的女神逼得性情大变。

♀ 小城奇迹

得墨忒耳恍恍惚惚地走到了小城厄琉西斯的一处水井旁。她愁容惨淡，长袍沾满了尘垢，整个人被痛苦和思念销蚀得面目全非了。

"你来自哪里？迷路了吗？"四个正要取水的少女发现了这位蓬头垢面的妇人，关切地围拢上来。

得墨忒耳并没有说出真实身份。她告诉姑娘们自己名叫多索，从一群穷凶极恶的海盗手里逃脱，一路辗转流浪到了异域他乡，现在凄苦伶仃，不知道应该何去何从。

善良的姑娘们把得墨忒耳领进家中——她们正是厄琉西斯国王的女儿。女神刚刚进入王宫，整座宫殿顷刻间充满了奇异的光辉。

王后墨塔涅拉大吃一惊，隐约觉得眼前这位女子不是凡人，于是立即接纳了她，并让她照料自己刚刚出生的儿子。

墨塔涅拉有一位头脑聪慧、性格爽朗的女仆，名叫伊阿巴。伊阿巴注意到这位新来的保姆愁眉紧锁，便常常开导她："不要把忧愁烦恼带到明天。一切都会好起来的。来，和我一起跳舞吧！"为了逗她开心，伊阿巴还挖空心思说笑逗乐。自从女儿珀耳塞福涅失踪后，得墨忒耳第一次绽放出笑容。也是托这些好心人的福，她终于喝下了一些大麦饮料。

就这样，女神在厄琉西斯的宫殿里住了下来。温暖的炉火、悠扬的里拉琴声、王子肥嘟嘟的小脸蛋，这一切都让女神想起当初养育珀耳塞福涅的场景，也为她受伤的心带来了些许安慰。在得墨忒耳的照料下，小王子日益茁壮。白天，女神怀抱着婴孩，让他吸入自己永生的气息；夜晚，女神把上好的谷物喂给孩子，用琼浆擦遍他的身体，然后把他像一块烙铁似的放在炉火里烧。这样，孩子尘俗的那一部分就会被火焰净化，和众神一样拥有不朽的生命。

一天深夜，王后从睡梦中惊醒。她急忙赶去儿子的卧房，猛然发现儿子竟被放在火炉里烧！墨塔涅拉大惊失色，不顾熊熊燃烧的烈焰，赤手把孩子夺了出来。这时，黑夜忽然变得如同白昼一般光明，得墨忒耳现出了光彩夺目的真身，她的金发好似瀑布流泻，双眸像矢车菊一样湛蓝。女神大声斥责："愚蠢的凡人！你们的双眼分不清善恶！这个孩子本可以获得无限的生命，但永生的仪式被打断了。现在，你们必须建造一座带有祭坛的神庙，让我在神庙里继续祝福孩子，他才能够拥有短暂而光荣的一生。"

话音刚落，得墨忒耳就离开了王宫，继续踏上寻找女儿的漫长旅途，留下国王与王后面面相觑。为了得到女神的再次降福，国王发动全城的人，用最快的速度在初遇女神的水井旁建立起一座壮美的神庙。从此以后，厄琉西斯就成了得墨忒耳的崇拜中心。据说女神亲自设立了祭祀的仪式，以保佑人们幸福平安，灵魂得救，这就是厄琉西斯秘仪的由来。

♀ 种子不死

厄琉西斯秘仪肇始于公元前15世纪，持续近两千年，在古希腊人的宗教生活中占据了重要地位。秘仪主要分为三个部分：厄琉西斯小秘仪、厄琉西斯大秘仪以及最终体验。其中厄琉西斯大秘仪与最终体验部分严格对外保密，所有参与者必须在女神面前发誓，决不泄露任何仪式的秘密，否则将在得墨忒耳的愤怒与诅咒下横死当场。

厄琉西斯秘仪来自对女神受难以及母女团圆这一事件的重演。它以一场盛大的游行为开端。在小秘仪部分，男人、女人和奴隶都能参与其中。人们先要经历斋戒，像痛失爱女的得墨忒耳一样空着肚子，从雅典风尘仆仆地长途跋涉到厄琉西斯神庙。这一路上，浩浩荡荡的人群大声说着笑话，把平日里那些令人面红耳赤的字眼毫无保留地说出来，因为正是伊阿巴的笑话才让得墨忒耳转悲为喜。

祈愿牌，描绘厄琉西斯秘仪场景，作于公元前4世纪中叶。　来源：wiki commons

紧接着，人们模仿恢复进食的女神，取出大麦饮料开怀畅饮。一整天的禁食、兴奋的户外运动、尽情的发泄呼喊，再加上痛饮致幻的大麦饮料，最后当众人看见神庙祭坛上燃起冲天大火时，不可抑制地陷入了一场古老的狂欢。

对大秘仪与最终体验部分，所有参与者都讳莫如深，它们至今依然笼罩在历史的迷雾之中。根据古代文献、出土陶瓶、浮雕，以及后来基督教教士所转述的信息，我们可以猜测，参与者要经历一段死亡与复生的体验。人们先进入漆黑一片的地下，如同被哈得斯掳入冥府的珀耳塞福涅一样茫然无措，这期间可能还会遭遇惊吓；然后忽然被一道神奇的光击中，不远处传来美妙的歌声；最后参与者循着光与音乐回到绿草如茵的世界，宛如获得了新生。至于这场秘仪中使用的圣物、祭司口中的话语以及最终时刻的神显，没有任何教外之人能够知晓。

到了公元4世纪，罗马帝国将基督教奉为国教。罗马皇帝狄奥多西一世在392年把厄琉西斯秘仪判定为异教偶像崇拜，严加禁止。396年，西哥特人裹挟着欧亚草原上的蛮族汹涌而来，一路烧杀掳掠。得墨忒耳的圣所被焚毁，信众被屠戮，这个延续了将近两千年的古老宗教活动终于走到了尽头。但也有孜孜不倦的追寻者认为，秘而不宣的厄琉西斯仪式并没有彻底消亡，只是隐藏得更深，更不为外界所知了。

"地上的凡人中，看见这些秘仪的人是有福的！而那些未被接纳、没有参与秘仪的人死后将永远失去这许多好处，他们会堕入黑暗与悲伤之中。"荷马在《献给得墨忒耳的赞歌》中如是说。在古希腊人看来，阴森的冥府里没有任何欢乐可言，那里唯有丧失记忆的亡魂在悲哀无助地游荡。大英雄阿喀琉斯就说过，他宁可在人间为仆，也不愿在阴间为王。因此，得墨忒耳女神允诺的死后更好的生活就像种子一样牢牢扎根在人们心底，让所有对死亡心怀恐惧的人也能坦然面对必死的命运。在时光之流的冲刷下，草木人生、天地星辰，一切都会瓦解，一切都会破灭，但女神的信徒坚信种子是不死的。当生命尽头的白雪纷纷扬扬落下，他们眼底绽放的是下一季绚烂的花朵……

第十三篇　智神星
雅典娜：不碎之灵

　　智神星是宇宙中一桩桩暴力事件的亲历者，大大小小的陨石令它周身布满伤痕。它承受着剜心断骨的痛楚，却为世人演绎出一幕幕深空中的罗曼剧。天文学家将这颗星命名为雅典娜。它见证了痛苦乃是获得智慧的必经之路。

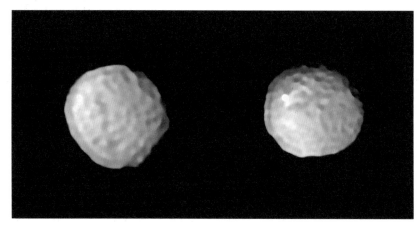

| 智神星北半球（左）与南半球（右），由智利帕拉纳尔天文台甚大望远镜的光谱偏振高对比度系外行星探测仪拍摄。　来源：ESO

♀ 太空高尔夫球

你听说过"高尔夫球小行星"吗？在火星与木星的轨道之间，有一颗名叫智神星的小行星，它由水冰与岩石混合构成，是小行星带中大小仅次于谷神星和灶神星的第三大天体。这颗星球全身布满了蜂巢般的凹痕，酷似一枚正在太空中高速旋转的高尔夫球。因此许多人猛然看见它的图片时，都禁不住摩拳擦掌，可唯独找不出一根像智利那么长的球杆。

智神星是宇宙中一桩桩暴力事件的亲历者。在星球表面，天文学家已发现 36 个直径超过 30 千米的陨击坑。对于平均直径只有 544 千米的智神星来说，这可谓体无完肤了。和小伙伴谷神星、灶神星相比，智神星不仅遭遇的碰撞次数是它们的两三倍，撞击的破坏力更达到了它们的四倍。也许有人会问，既然大家都在火星与木星的轨道之间漫游，为什么不速之客偏偏盯紧了智神星？

这是因为智神星有着非常奇特的运行轨道。小行星带中绝大多数天体绕日轨道呈椭圆形，与小行星带夹角小于 30 度，可是智神星如此特立独行，它的夹角达到了 34.8 度。这就意味着智神星公转时总是斜插在队列整齐的小行星带里，从而增加了与其他天体碰撞的次数与力度。

对此可以作出形象的解释。50 多万颗小行星运行速度虽然很快，但它们的运行轨道却高度一致。当相互碰撞时，彼此间的速度会被抵消，就好比在田径场上奔跑的运动员，如果其中一人略微转向，身侧忽然撞上了并肩疾跑的另一人，此时两位运动员只要冷静处理，大概率能够保持身体平衡，只会在磕碰部位留下一些瘀青，也就是小型的陨击坑。但是，当智神星飞掠小行星带时，就好比一位相扑冠军鼓足气力斜着冲上跑道，将既定路线上的运动员，也就是那些更小、更轻的小行星撞得人仰马翻，然而智神星自身的运行轨迹却由于巨大的动量几乎没有改变。智神星的公转周期为 4.62 年。数十亿年间，每当智神星环绕太阳一圈，便可能有两次这样大

| 小行星族的形成，艺术概念图。　来源：NASA

规模的撞击发生，从而导致智神星成了我们所知的小行星带中陨击坑最多的天体。在低分辨率图像中，这颗伤痕累累的星球看起来好似一枚高尔夫球。

♀ 致命的访客

在智神星赤道附近，观测者还发现了一个直径大约 400 千米的陨击坑。根据模拟推算，当时与智神星相撞的天体直径至少在 20 到 40 千米，才有可能造成如此巨大的创伤。与之相比，地球上目前所发现的最大陨击坑——南非弗里德堡陨击坑，直径也不过大约 300 千米。如果发生在智神星上的那场"天地大冲撞"于今日在地球上上演，又会造成什么样的后果呢？

让我们回望 6 500 万年前的白垩纪。在那古老而繁荣的年代，巨大的爬行动物一统天下。绿野蔓延到天际，长风吹动蕨类植物宽阔的叶子，三角龙安详地咀嚼着草叶，不远处霸王龙露出恐怖的尖牙……

忽然，一个巨大的火球从天而降，强大的冲击瞬间撕裂了大地。被炸上天空的岩石如雨点般坠落，排山倒海般的热浪将无以计数的恐龙闷死、烤焦。然而此时灾难还远远没有结束，撞击激起的烟尘遮蔽了太阳，使地球陷入漫长的黑暗之中，地表温度降幅超过 15 摄氏度。植物无法进行光合作用，纷纷枯萎了，食草动物的末日来临，紧接着，最后的猎食者也在饥饿与寒冷中倒地死去。

这就是举世闻名的恐龙灭绝假说——小行星撞击说。在墨西哥的尤卡坦半岛，人们发现了直径大约 180 千米的希克苏鲁伯陨击坑。许多科学家相信，6 500 万年前，一颗直径 10 千米左右的小行星撞向这里，引发了全球性的大灾变，致使恐龙等超过三分之二的物种就此从地球上消失。不难想象，一旦当初撞击智神星的那颗体积更大、冲击力更强的"死亡天使"从天而降，我们的现代文明也

| 双子座流星雨，2012 年 12 月摄于智利帕拉纳尔天文台。　来源：ESO

定将万劫不复。届时日月无光、气温骤降、食物断绝、社会崩溃，接踵而至的地震、火山、飓风、海啸，会让人目睹诸神的黄昏抑或《圣经·启示录》中的末日景象。

　　"你别赤脚在这草地上散步，我的花园里到处是星星的碎片。"每年 12 月，双子座流星雨都会如约到来，人们为之惊叹、欢呼，将心愿托付给这漫天绽放的花火。双子座流星雨来自一颗名叫法厄同的小行星。当它的碎片云经过地球时，成千上万坠落的颗粒会与大气摩擦，从而在天空中留下转瞬即逝的光迹。天文学家分析了法厄同小行星及其碎片的成分与构造，发现它们很可能就是当初智神星被撞入太空中的残块。由此看来，智神星真是一颗令人动容的星球，它承受着剜心断骨的痛楚，却为世人演绎了一幕幕深空中的罗

| 法厄同小行星，艺术概念图。　来源：NASA

曼剧。当你在下一个冬夜沉醉于它的光华时，请不要忘记那痛彻心扉的分离与撕裂。

♀ 爱智慧的女战神

1802 年 3 月的一个美丽夜晚，德国天文学家奥伯斯邂逅了智神星。最初，人们普遍认为它是一颗行星，并将雅典娜的美名赋予了它，智神星的天文符号♀就来自雅典娜手中威风凛凛的长枪。从古至今，雅典娜都是奥林匹斯神中最受欢迎的几位之一。她既是智慧女神，又是声名显赫的女战神，还是纺织、园艺、制陶、造船等行业的守护神。没有谁能比她更完美地体现古典时代的希腊精神。2004 年雅典奥运会时，雅典娜和阿波罗作为希腊文明的代表，一同被选为奥运会的吉祥物。

在希腊神话中，众神往往象征着无法抵御的自然伟力，或是不可遏止的狂热情感。比如宙斯象征生杀予夺的苍天，波塞冬象征狂野不羁的大海，阿瑞斯是愤怒、狂暴与毁灭的化身，阿芙洛狄忒则是爱情与女性美的化身……智慧女神雅典娜却与他们截然有别，她是一位典雅庄重的处女神，如同奥林匹斯从容燃烧的圣火。在雅典娜眼中，生命是一场理智与情感之间的较量，如果个体想要升华、完善，文明想要存续、繁荣，理性的缰绳就必须牢牢勒住激情的野马，否则我们将退化为任由本能驱使的野兽。

雅典娜的美是精神之美。古典艺术中的雅典娜仪态端庄，目光温柔坚毅，她身穿长袍，头戴战盔，披挂着嵌有美杜莎头颅的护胸甲，一手紧握长枪，一手托着永远同在的胜利女神尼刻。尼刻的罗马名字叫维多利亚（Victoria），而英文单词"vitory"（胜利）就来源于此。尼刻站在雅典娜的手掌上，象征"只有智慧才能够取得胜利"。

雅典娜的出生是一段传奇。我们在宙斯的故事里说过，她诞生自宙斯被劈开的头颅。因为一则可怕的预言，宙斯将有孕在身的墨提斯吞入腹中。过了一些时日，墨提斯在宙斯的肚子里分娩出一个

|《密涅瓦的故事：密涅瓦的诞生》，勒内－安托万·胡安斯绘

女孩。这个女孩非同寻常，她对宙斯装满食物的肚子毫无兴趣，一心想要寻找智慧和思想。于是她在父亲体内一路向上攀爬，最后爬到了宙斯的脑袋里。这下宙斯头疼欲裂，满地打滚，甚至连远在冥府中的哈得斯都能听见他的声声惨叫。

"把我的头劈开！我倒要看看这里面究竟有什么。"宙斯强忍剧痛对匠神赫菲斯托斯说道，"是生是死，就交给命运了。"

于是赫菲斯托斯拎出一柄锋利的斧头，鼓足力气照着宙斯的脑袋猛劈下去。此时一道金光从宙斯被劈开的头颅中射出，诸神无不屏住呼吸。就在众目睽睽之下，一个英姿飒爽、全身戎装的少女高呼着战斗口号一跃而出，这就是热爱智慧的女战神雅典娜！雅典娜集合了父亲与母亲的优秀品质，她既有宙斯的勇武刚健，又有墨提斯的聪明才智。不知是出于对墨提斯的愧疚，还是因为饱尝了孕育与分娩的痛苦，宙斯向雅典娜倾注了一个父亲深深的爱与柔情。

♀ 灵魂伴侣

雅典娜也称帕拉斯·雅典娜。帕拉斯本是河神特里同的女儿，她和雅典娜从小一起长大，是形影不离的好姐妹。她俩从不玩女孩子那些娇滴滴的游戏，整天在一起真刀真枪地格斗拼杀，总想着超越对方，成为天下第一女武神。有一回，两个女孩激斗得难解难分，正在天庭观战的宙斯生怕雅典娜受伤，于是从万丈苍穹抛下自己的神盾，将雅典娜牢牢护住。就在帕拉斯被神盾的光芒刺得睁不开眼睛时，战意正酣的雅典娜一枪刺穿了她的心脏。

鲜血从挚友的身体里涌出，染红了大地。雅典娜痛不欲生，她一边流泪自责一边乞求帕拉斯原谅。眼睁睁看着亲密的伙伴不幸夭亡，雅典娜从此沉入了悲伤的海底，她将自己的名字改为帕拉斯·雅典娜，寄托心中永远的悔恨与哀思。有学者认为，雅典娜后来之所以抱定独身主义的信念，正是因为她误杀了自己唯一的灵魂伴侣，从此人海茫茫，她却再也找不回这份无可替代的真情。

在奥林匹斯神中，有三位女神曾对着浊流滚滚的斯堤克斯河许下了不婚不育的誓言。她们是智慧女神雅典娜、炉灶女神赫斯提亚和月亮女神阿耳忒弥斯。可唯独雅典娜有一个儿子，这是怎么回事呢？

宙斯曾强迫阿芙洛狄忒嫁给容貌丑陋的匠神赫菲斯托斯，但浪漫多情的阿芙洛狄忒没过多久就把丈夫抛弃了。

午夜时分，赫菲斯托斯孤独地坐在奥林匹斯的铁匠铺里，望着炉中噼噼啪啪的火苗发呆。阿芙洛狄忒那张绝美的容颜，渐渐凝固在了他的思念里。

忽然，一只手搭在了他的肩上。赫菲斯托斯回过头，是海神波塞冬来了。

"又在想阿芙洛狄忒了？"波塞冬一眼就看穿了他。

赫菲斯托斯无可奈何地叹了口气，褶皱丛生的脸上布满了愁容。

"到现在，你都不明白阿芙洛狄忒为什么会离开你，和粗野的阿瑞斯在一起吗？因为他有男子气魄啊！"波塞冬语重心长地说，"谁都有情场失意的时候，这没什么大不了的。只要你用强硬的手段，就算雅典娜也会被你征服！"

这番话有如醍醐灌顶，赫菲斯托斯终于从梦中醒过来了！

七天后，雅典娜来到铁匠铺里。

赫菲斯托斯赶忙一拐一瘸地为雅典娜取来盔甲，在帮女神披挂时，赫菲斯托斯不小心触到了雅典娜。

赫菲斯托斯的爱情之火炽烈地燃烧起来，他脑中忽然蹦出波塞冬那句话："只要你用强硬的手段，就算雅典娜也会被你征服！"

赫菲斯托斯猛地抱住雅典娜。雅典娜吓得花容失色，从匠神的大手中挣脱出来。

厮打之间，赫菲斯托斯意外地让大地女神盖亚怀孕了。不久后，盖亚便产下了一个男婴。

| 《雅典娜斥责赫菲斯托斯无礼》，帕里斯·博尔多纳绘

　　孩子的父母无疑是匠神赫菲斯托斯与大地女神盖亚。然而，盖亚一想起这个孩子的来历就无比气愤，她宣布孩子的死活与自己无关。赫菲斯托斯担心丑闻被公之于众，也坚决不认这个孩子。此时，善良的雅典娜用襁褓裹住幼小的生命："既然命运对你如此不公，就让我来做你的母亲吧。"在雅典娜女神的关爱与照料下，这个名叫厄瑞克透斯的弃婴终于成长为一位伟大的雅典国王。

　　雅典娜因赫菲斯托斯的冒犯，从此与出馊主意的波塞冬结下了梁子。两位神明争暗斗，演绎出一段段妙趣横生的神话传说。在雅典娜心中当然也有值得赞美的男性，但他们绝不是波塞冬所说的滥用暴

力之人。雅典娜真正欣赏的是
智慧、仁慈与坚强的男性。

　　雅典娜是英雄主义的捍卫
者，在多位人类英雄远航、征
战、探险的过程中，她都给予
了至关重要的帮助：她协助伊
阿宋建造"阿尔戈号"，成就
了获取金羊毛的壮举；她指引
赫拉克勒斯取得了一件件不朽
的功绩；她帮助珀尔修斯割下
蛇发女妖美杜莎的头颅；特洛
伊战争结束后，奥德修斯在大
海上漂荡了十年之久，也是雅
典娜女神庇护他终于返回了魂牵梦绕的伊萨卡岛……

| 古希腊瓶画，描绘雅典娜为赫拉克勒斯斟酒，
作于公元前 490—前 470 年

| 《雅典娜向奥德修斯指示伊萨卡岛》，朱塞佩·博塔尼绘

♀ 雅典娜的少女心

尽管世人眼中的雅典娜英武高贵，凛然不可侵犯，但其实在她内心深处，还藏着一个爱美、爱嫉妒、爱生气的小孩。

雅典娜发明了笛子，她曾兴高采烈地在众神面前吹奏，却引来赫拉和阿芙洛狄忒一阵嬉笑。她迷惑不解地跑到河边，发现倒影中的自己吹笛子时腮帮鼓鼓的，就像青蛙一样滑稽可笑。雅典娜又羞又愤，恨恨地扔掉了手中的笛子。还有一次，雅典娜找到一种美丽稀有的草，捣碎后用来描画眉毛效果非常好。于是在众神的宴会上，雅典娜撩起头发，手把手教赫拉描眉。那神采飞扬的样子仿佛天真烂漫的孩子！

在罗马神话中，雅典娜的对应者是密涅瓦女神。她与凡人阿拉克涅比赛织锦的故事也显得她意气用事而生机勃勃。在吕底亚王国的一座小城里有一位名叫阿拉克涅的女子，她自幼就展现出了卓越的审美天赋。长大后，阿拉克涅搭配色彩、组合图案的本事更是炉火纯青。她织出的天空、大海、原野、山峦惟妙惟肖，似乎向前一步就能走进她画中的世界。

从小亚细亚到罗马，再到波斯和埃及，人们交口传说这个奇迹般的女子。每一天，都有不同肤色、说不同语言的人们聚集在她的织坊前，看她用纤纤玉手拈起色彩缤纷的丝线，再飞速移动织布梭。不一会儿，一幅美妙的画卷就从她手中诞生了。

"太美了！"帕克托罗斯河中的一个水宁芙尖叫起来，"你一定是女神密涅瓦的徒弟吧！"

"我可从没见过密涅瓦，"阿拉克涅向她露出自信的笑容，"密涅瓦的确是位神通广大的神，但说起织布，她还差我三分呢！"这句话传到密涅瓦耳中，女神的脸色顿时阴沉下来。

又是繁忙的一天，富商们的订单高高地堆积起来。在众人的簇拥下，阿拉克涅端坐到织布机前忘我地投入了创作之中。每织出一幅锦画，周围就会爆发出一连串的掌声和赞叹。

　　一位白发苍苍的老妇人走出人群，来到少女面前："阿拉克涅，年轻有年轻的勇气，年老有年老的智慧。听我一句忠告吧：你大可以在凡人面前展现自己的骄傲，但绝不要妄想超越神明。收回你对密涅瓦女神不逊的言语吧。女神会饶恕真诚悔过的人。"

　　"悔过？"阿拉克涅放下手中的丝线，"在织锦这件事上，我没什么好谦虚的，除非密涅瓦能当着我的面织出更加精美的图案。可她在哪儿呢？"

　　"我在这儿！"老妇人一瞬间高大了许多，脸上的皱纹消失了，现出密涅瓦金光闪闪的本尊。

　　"密涅瓦来了！真的是她！"人群中欢呼声、尖叫声、祈祷声交织成一片。

　　阿拉克涅的心脏狂跳不止，可此时话已经说出去了，她只能倔强地深吸了一口气，说："密涅瓦，真的无意冒犯。但我相信无论在哪里，我的手艺都不逊于任何人，包括你。"

| 《纺织女》或《阿拉克涅的寓言》，迭戈·委拉斯开兹绘

♀ 永无止息

一场织锦对决开始了。密涅瓦率先在锦画正中织出宏伟的天庭，她气宇轩昂地站在自己的神庙前，用长枪指向一株繁盛挺拔的橄榄树。锦画上方是她的父亲，神王朱庇特握着耀目的雷电，高居金碧辉煌的世界之巅。密涅瓦意图用这幅雄浑壮美的史诗锦画告诉世人，在众神彪炳千秋的功业前，人类不该妄自尊大，更不可僭越。

可是密涅瓦的警告不但没能让阿拉克涅屈服，反而激起了她针锋相对的勇气。阿拉克涅的手握着织梭飞舞，她织出朱庇特对凡间女子的一幕幕丑行。阿拉克涅以活灵活现的画面暴露出神有着和人类一模一样的弱点——贪婪、残忍、好色，让神在人类面前丧失了高高在上的优越感。

当两幅锦画同时在围观者面前展开时，四下一片寂静。不知过了多久，有人忽然喊了一声："阿拉克涅！"紧接着，人群骚动起来，越来越多的人一齐高喊："阿拉克涅！阿拉克涅！"阿拉克涅的泪水崩泻而出。她想起十年前的夏天，父亲将难产死去的母亲留下的织物交到她手中："孩子，总有一天，你的技艺可以和密涅瓦女神比肩。"

此时密涅瓦的尊严受到重创，她再也抑制不住心中的怒火，将阿拉克涅织的锦画撕得粉碎。女神又推倒织机，抓起梭子一边朝着阿拉克涅劈头盖脸打去，一边厉声诅咒："织吧，织吧！我让你每日每夜、世世代代都这么织下去！"

话音刚落，阿拉克涅的身体开始收缩，她纤细的手指变成了八条长腿，上面生满了纤毛，肚子末端长出纺器，从里面吐出长长的丝。此时阿拉克涅已经不再是人了，她变成了世界上第一只蜘蛛，注定要不停地织下去。蛛形纲的拉丁学名"Arachnid"就来自她的名字"Arachne"。当你再看见蜘蛛辛勤结网的时候，也许会想到一位女子，她是超越密涅瓦的世间最杰出的织锦艺术家。

古人常常借神话来表达自己的心声。古希腊人、古罗马人笃信

| 《密涅瓦的故事：密涅瓦与阿拉克涅》，勒内-安托万·胡安斯绘

神明，他们建立众多神庙，创造一系列节日、运动会、喜剧和悲剧来亲近神。他们眼中的神和人类一样有七情六欲，神不是让人顶礼膜拜的，而是给人欢乐，并诱使人不断挑战与超越的。神话传说中那些挑战神的英雄人物，比如塔密里斯挑战缪斯、西西弗斯挑战死神塔那托斯、玛耳绪阿斯挑战阿波罗、阿拉克涅挑战密涅瓦、普罗米修斯挑战宙斯等等，虽然大多遭到了残酷的报复，但这种不畏强者的姿态本身就是人类精神的伟大胜利。

在实用理性的视野中，一切不自量力的越轨行为都是不合逻辑的，可它们恰恰成为人类的生存之道。无论神的责罚抑或智者的叹息，都不能让人停下质询与探索的脚步，我们的认知边界也由此持续不断地拓展更新。数百年间，一批批远航者驶向未知的海域，发现新的大陆和岛屿。先行者的灵魂今日还在向我们发出邀请，让我们登上宇宙飞船，驶向众神的星空。或许千秋之后，人类站在遥远的星球上极目浩瀚苍穹时，心中一样会燃烧着那古老而不羁的热焰吧！

BACCHUS

Dionysus

第十四篇　酒神星
狄俄尼索斯：醉梦他乡

　　酒神星的直径还不足 1 000 米，即便在小行星带中也毫不起眼。可自从天文学家发现它并用罗马神话里的酒神来为之命名后，这块终年漂泊的岩石便被赋予了勾魂摄魄的美学韵味，从此成为洒落在浩瀚星河中的一滴醇美琼浆。

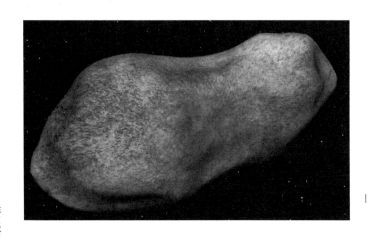

| 酒神星模拟图。
来源：wiki commons

♇ 太空碎片

　　酒神星（小行星 2063）是一块漫步于火星与木星之间的主小行星带的不规则岩石，它的直径还不足 1 000 米，即便在小行星带中也毫不起眼，更不用说与其中的谷神星、智神星等"大佬"比肩了。然而，自从 1977 年天文学家在帕洛马山天文台发现了它，并用罗马神话里的酒神来为之命名后，这颗小行星便被赋予了勾魂摄魄的美学韵味，从此成为洒落在浩瀚星河中的一滴醇美琼浆。

　　2006 年，国际天文学联合会把太阳系所有绕日公转的天体划分为三类：行星（八大行星）、矮行星（目前公认的有谷神星、冥王星、阋神星、鸟神星、妊神星，此外还有十多个天体也都有被归入矮行星的可能）、太阳系小天体（包括数量巨大的小行星、彗星、流星体及其他星际物质）。其中小行星大小介于流星体与矮行星之间，直径从 1 米至 1 000 千米不等。酒神星也归入小行星这个庞大家族。

　　这些布满天空、参差各异的小行星究竟是如何产生的？我们需要一直追溯到太阳系诞生的遥远年代。在原始太阳星云中，曾游荡着一群由太空中凝聚颗粒所构成的星子，它们本应相互碰撞、聚合为大星子，由大星子构成行星胎，再吸积各类物质成长为行星。可惜它们生不逢时，在木星、火星等行星引力的拉扯下，这些星子始终无法聚合到一起，它们不断碰撞、破碎，最后散落于广阔的太空之中。小行星在达到行星尺寸前就停止了增长，演化程度较低，保存了行星起源和太阳系早期的大量信息，因而是我们研究太阳系形成与演化的重要"考古遗址"。

尽管小行星看起来貌不惊人，可一旦其运行轨道受引力摄动发生变化，它们便如同猛然睁开了眼睛，在复仇烈焰的驱使下，不惧粉身碎骨地冲向行星。如果小行星撞击地球，危害性将远远超过地震、海啸、超级火山喷发。地球上发生过多次大灭绝事件，比如二叠纪生物大灭绝、白垩纪恐龙大灭绝等等，罪魁祸首很可能就是小行星。1908 年发生在西伯利亚地区的通古斯大爆炸，也普遍被认为是小行星突袭造成的。

太阳系大约 98.5% 的小行星都位于火星和木星之间的主小行星带上，数量超过 50 万颗。在一些科幻影视作品中，宇宙飞船惊险地穿越密密麻麻的小行星，让人觉得它随时有可能撞上其中一颗而一命呜呼。但是不用慌，这种场景属于艺术加工，如果小行星当真如此密集，它们早已在引力作用下碰撞、吸积，组成一个庞大的天体了。实际上，小行星带宽达 2 亿千米，小天体轻而易举就被广袤的空间稀释了。两颗小行星之间的平均距离甚至超出了地球与月球之间的距离。迄今已有多台太空飞行器毫发无损地通过小行星带，从来没有发生过任何险情与意外。

| 小行星带的太阳系模型。　来源：NASA

⚲ 它的名字

对于最初发现的小行星，天文学界依然沿用希腊罗马神话人物为之命名，而且必须使用女神的名字，譬如谷神星（1 Ceres）、智神星（2 Pallas）、婚神星（3 Juno）、灶神星（4 Vesta）、义神星（5 Astraea）等。前几十颗小行星，每一颗都依据其女神的形象拥有专属的符号。但随着新发现小行星数目急剧增加，女神的名字很快就不够用了。

传统的命名方式被打破了。取而代之的是每颗被证实的小行星会先获得一个数字编号，然后由小行星发现者提名，最后由国际天文学联合会小行星中心正式定名。这些新的名字可以是发现者的爱人或亲属、神、童话人物、历史人物、科学家、艺术家、城市、地点等等。提名的具体规则有如下几条：

谷神星在主小行星带中，艺术概念图。　来源：ESA

1. 不超过 16 个字符（包括空格和符号）；

2. 最好只有一个词；

3. 名字能够发音和拼读；

4. 非攻击性词；

5. 和已存在的天体名称不可过于相似；

6. 若要以政治、军事人物或者政治、军事事件命名，必须当事人死亡或事件结束超过 100 年。

让我们看一些比较有趣的小行星名：埃及艳后（216 Kleopatra）、堂吉诃德（3552 Don Quixote）、爱因斯坦（2001 Einstein）、女娲（150 Nuwa）、老子（7854 Laotse）、敦煌（4273 Dunhuang）、金庸（10930 Jingyong）、黄家驹（41742 Wongkakui）、周杰伦（257248 Chouchiehlun）……每一颗小行星的名字都独一无二且不可更改，因此对小行星的命名者和被命名者来说，这无疑是一份地老天荒的浪漫。如果你在小行星带里捕捉到一抹全新的光芒，你脱口而出的会是谁的名字呢？

🏆 罗曼蒂克之魂

小行星 2063 是以罗马神话里的酒神巴克斯来命名的，他源于希腊神话中狂放不羁的狄俄尼索斯。主管葡萄种植与美酒酿制的狄俄尼索斯拥有难以想象的感召力。他醇美的馈赠给人带来欢乐和解脱，然而当人们不知节制时，从心底涌出的那股汪洋恣肆的情感会冲破所有世俗禁忌和理性约束，令人陷入迷乱、癫狂和失控的状态。

"胸中块垒，当以酒浇之。"狄俄尼索斯是一位令人欲罢不能的危险的神。有时他被誉为心灵的解放者，让人卸下伪装、摘掉面具，用本真天性化解痛苦和压抑；有时他又被视作秩序的毁灭者，其放浪形骸的人生态度挑战社会的根基。他身上的狂欢色彩与浪漫

| 《酒神巴克斯》, 卡拉瓦乔绘。　来源：NASA

气质象征着感性的一面, 被尼采阐发为"酒神精神"。它与阿波罗光明、冷静、理性的"日神精神"构成了人类精神世界中相反相成的两极。

尼采相信, 一个文明若要富有生机与活力, 酒神精神和日神精神缺一不可, 但面对世界终极的虚无荒谬与生命本身的矛盾痛苦, 人唯有在酒神精神的驱动下, 释放出灵魂深处被抑制的能量, 才能于命运的暴风骤雨前无所畏惧。

狄俄尼索斯还被视为一位永恒的漂泊者, 大地上的异乡人。

风流俊逸的他总是头戴藤冠，身披兽皮，在欧亚大陆上的一个个国度间游荡，身后跟着浩浩荡荡的狂欢队伍。每到葡萄丰收的季节，狄俄尼索斯都与天下万民痛饮狂歌。人们喝得酩酊大醉时，就绕着他跳舞、唱歌，吹奏各式各样的乐器。如果第一次遇见他，你也许会觉得这是一个无忧无虑、快意人生的浪子。但只要细察他的眼眸深处，那暗涌的泪水和忧伤便会把你淹没。你这才明白过来，原来他的舞蹈是痛苦和痉挛，他的欢笑是献祭与受难。

♀ 灰烬中的男婴

在奥林匹斯神中，狄俄尼索斯的命运最为坎坷。她的母亲塞墨勒曾是一位美丽的底比斯公主。在一个春日里，塞墨勒来到清澈的河边洗浴，粼粼波光将她映现出来。看到这幅景象，天庭之上的宙斯再一次被爱情俘虏了。他化作一只雄鹰，以闪电般的速度呼啸着飞抵河畔，然后抖抖羽毛，又成了一位男子。

他们相爱了。眼看塞墨勒的肚子一天天隆起，赫拉已在心中将她杀死了一千遍。

黄昏时分，一位双鬓雪白的老妇人敲响了塞墨勒的房门。

"你来了！亲爱的柏洛埃。"她抱住自己的乳母。

这位赫拉变成的老妇人凝视着塞墨勒的肚子，说："我的公主，您怀孕了！孩子的父亲是？"

"宙斯。"塞墨勒回答。

老妇人幽幽地叹了口气："最近一年，一群外邦的骗子来到了底比斯。他们为了诱惑人，一个个都说自己是永生的神，现在广场上站着四个宙斯，六个阿波罗！记住，眼见为实，无论这家伙怎么辩解，你都要让他现出真身。除非他把荣耀的霹雳交给你作为信物，否则决不让他再见到你！"

翌日清晨，宙斯又变成凡人的模样来见塞墨勒。

"我有一个心愿，您可以答应我吗？"整整一夜，塞墨勒都在品味着乳母的忠告。

"我当然会答应你。"宙斯允诺道。

"那好，"塞墨勒深吸了一口气，"众神之王，请现出您在奥林匹斯的真身，握着您的霹雳现身。"

宙斯忽然想起被雷电击中而死的法厄同，害怕了。可此时他想捂住塞墨勒的嘴也来不及了，只能焦急万分地说："你以为宙斯的真身是温和的，宙斯的霹雳是凡人可以触碰的吗？请收回你的要求！别的愿望我统统可以为你实现，但唯独这个不行。"

"不！"塞墨勒美丽的双眸盈满了泪水，"我听着宙斯的故事长大，又做了他的祭祀。每天我都在祈祷他降临。我宁可被宙斯的光芒刺瞎双眼，也要见到他的真身！"

宙斯沉默了很久。他无限悲哀地看了一眼塞墨勒。

超自然的光芒开始从宙斯体内照射出来，如同坠地的太阳般耀目。塞墨勒欣喜若狂。她知道，唯有众神之王才拥有如此光辉璀璨的形貌。塞墨勒不顾一切地冲上去拥抱自己的爱人，此时一个声音在她耳边炸响："别过来！"可她依然像扑火的飞蛾一样张开双臂。就在触碰到宙斯的一刹那，利刃般的闪电将她击倒，紧接着，无比炽烈的光焰把她彻底吞噬了。

宙斯眼睁睁看着心爱的人化作焦炭，巨大的痛楚涌入心间。他赶忙变回凡人模样，从塞墨勒还在冒烟的身体中把胎儿救出来。可此时胎儿还不足六个月，宙斯毫不迟疑地用刀划开自己的大腿，把孩子塞了进去。就这样，宙斯一瘸一拐地行走了一百天，直到胎儿发育成熟，宙斯方才从大腿中取出一个健康美丽的男婴，对他说道："狄俄尼索斯，为了你的母亲，勇敢地活下来！"

| 《朱庇特与塞墨勒》，古斯塔夫·莫罗绘

狄俄尼索斯的字面意思就是"瘸腿的宙斯"。希腊神话中人和神之间并不存在生殖隔离，但他们生下来的孩子比起永生的神，只会是朝生暮死的人类。可由于神王宙斯既是狄俄尼索斯的父亲，又第二次孕育了他，因此在所有神人结合的后代中，唯独狄俄尼索斯生而为神。天后赫拉万万没有想到，这个孩子竟然可以在烈火与雷暴之下存活。她气急败坏，决定使出更加狠毒的手段对付狄俄尼索斯，彻底撕碎宙斯那颗多情的心。

♇ 大逃杀

一场惊心动魄的大逃杀开始了。宙斯嘱咐自己最信任、拥有最快的速度的儿子赫耳墨斯保护这个婴儿。赫耳墨斯接过婴儿的时候，不禁想起自己的母亲——荣耀的迈亚女神。她怀孕后为了躲避赫拉的熊熊怒火，曾在暗无天日的洞穴里过着茹毛饮血的日子。于是赫耳墨斯一改平日散漫不羁的样子，郑重地点了点头："父亲，我会用生命来守护狄俄尼索斯。"这是宙斯的子女们空前团结的时刻，雅典娜、阿波罗、阿耳忒弥斯纷纷站了出来，他们宁可与赫拉为敌，也要拯救这个命途多舛的孩子。

赫耳墨斯想到在拉摩斯河边，有一群名叫拉弥得斯的仙女，她们温柔善良，总在孩子身上倾注满满的爱心。于是他抱紧狄俄尼索斯，以流星般的速度穿越长空，将婴儿交到仙女们手中。仙女们心花怒放，为他哼唱歌谣，背着他四处玩乐。狄俄尼索斯常常躺在仙女的臂弯里，凝视着父亲那布满星星的天穹，高兴的时候还用脚踢向天空，咯咯地笑着。

然而，天界与凡间都遍布赫拉的眼线。布谷鸟将婴儿的情况报告给赫拉后，妒火扭曲了她的脸。赫拉气急败坏地赶到拉摩斯河边，举起皮鞭疯狂抽打这群仙女，并向她们施以恶毒的诅咒。仙女们遭到殴打和诅咒后一个个发起疯来。她们也成了暴虐的化身，时而狂笑不止，时而号啕大哭，披头散发猎杀行路的旅人，犯下了一桩桩恐怖的罪行。就在她们握着锋利的刀想要砍向狄俄尼索斯时，赫耳墨斯闪现，飞速从她们手中救下了孩子。

　　赫耳墨斯又把孩子带到一个名叫玻奥提亚的偏远国度，并把他交给塞墨勒的姐姐伊诺来照管。伊诺是国王阿塔玛斯的妻子，她也刚刚生育了一个漂亮的男孩，于是满心欢喜地接过狄俄尼索斯，将他和儿子一起抚养。可没过多久，赫拉再次查明狄俄尼索斯的下落，她气势汹汹地闯入王宫，指着这对收养狄俄尼索斯的夫妻厉声诅咒道："你们的双手会沾满亲生儿子的鲜血！"可怜的阿塔玛斯和伊诺当场丧失理智，他们先用箭射杀了苦苦哀求的长子，又用沸水烫死了尚在襁褓中的幼子，最后在绝望之中抱着两个孩子的尸体从悬崖上跳入了波涛汹涌的大海。

| 《赫耳墨斯与幼年的狄俄尼索斯》（局部），大理石像，普拉克西特列斯作于约公元前 330 年。　来源：wiki commons

侍女密斯提斯目睹了这场惨剧，脸色煞白。她不甘心让狄俄尼索斯也遭此厄运，于是抱着他躲入酒窖，藏在漆黑的角落里。赫拉的脚步声迫近了，密斯提斯毛骨悚然，她紧紧捂住婴儿的嘴巴，气也不敢出。

此时，一个声音在侍女耳边响起："我是神使赫耳墨斯，孩子放心交给我吧。"骗术之神赫耳墨斯摇身一变，成了主宰自然造化的古神法涅斯，他用宽大的长袍遮住了怀中的婴儿。赫拉看到伟大的古神居然出现在这里，暗暗吃了一惊。就在她向法涅斯躬身致意的时候，赫耳墨斯挑衅似的说了声"再会，仁慈的母亲！"，随即消失得无影无踪。

天后赫拉恨得咬牙切齿，她一不做二不休，亲自深入塔耳塔洛斯深渊，释放出一位强大而狡诈的提坦神，条件是必须根除狄俄尼索斯。仔仔细细搜寻了三个月后，提坦神终于在尼萨山的山谷中找出了狄俄尼索斯的踪迹。此时赫耳墨斯已将他变成一只山羊，藏匿在漫山遍野的羊群中。提坦神为了引诱孩子，装扮成一个行脚商人，在草场上乐呵呵地击鼓、玩球、旋转陀螺……

天真的狄俄尼索斯被玩具深深吸引了，他忘了赫耳墨斯的一再告诫，变回人形蹦蹦跳跳来到了商人身边。这一刻，凶相毕露的提坦神掏出长刀，当场把狄俄尼索斯砍成了碎块。就在提坦神准备一口吞下孩子的心脏时，女战神雅典娜大喝一声从云端跳下来，她挥舞着金光闪闪的长枪把提坦神击退。在雅典娜的拼死护救

| 《幼年酒神》，乔凡尼·贝利尼绘

下，狄俄尼索斯的肢体才得以保全。

惨剧发生后，宙斯的子女们决定把孩子交给赫拉的母亲——瑞亚来照料。瑞亚手捧四分五裂的孙子时，忽然想到当初克洛诺斯吞食亲生骨肉的情景，禁不住仰天长叹："赫拉！为什么偏偏要学你的父亲呢？既然你执意不肯放过他，那就由我来抚养这个可怜的孩子吧！"瑞亚把孩子的身体缝合到一起，放入心脏，最后将他完整浸入仙露之中。不一会儿，狄俄尼索斯奇迹般地睁开了眼睛！

在希腊神话中，狄俄尼索斯是唯一经历过三次诞生的神：第一次从塞墨勒的腹内，第二次从宙斯的大腿，第三次从瑞亚的双手。他的遭遇引发了同情，他的复生又昭示着死亡并非终结。因此，古希腊人从狄俄尼索斯身上发现了某种生生不息的力量，他们举办了众多关于狄俄尼索斯的祭拜仪式，希望自己也能如酒神一般用强韧的生命征服凄凉的死亡。

♀ 酒神的漫游

在瑞亚的精心守护下，狄俄尼索斯终于获得了一段幸福的童年时光。九岁时，狄俄尼索斯奔跑起来就如同牡鹿，速度足以追得上飞奔的野兔。他还能徒手制服凶猛的豹子，并轻松地扛在肩上。他常常拉着狮子的两条后腿，将它拖到祖母面前，为祖母套好车架。不过，狄俄尼索斯最重大的贡献是培育出了葡萄，并把一串串沉甸多汁的葡萄酿制成美酒。人们从各地蜂拥而来，争先品尝这令人飘飘欲仙的琼浆。很快，狄俄尼索斯的名声就从希腊传到了整个地中海世界，被世人尊奉为酒神。

不知不觉，狄俄尼索斯成长为一位俊美的青年，他皮肤白皙、眼眸清亮、风姿绰约。辞别祖母瑞亚后，狄俄尼索斯手握缠有常青藤的酒神杖，踏上了前往奥林匹斯天庭的漫漫长途。可意想不到的

《酒神》，西蒙·所罗门绘

是，十几年过去了，赫拉的恨意却一丁点也没有消弭。他刚刚走出瑞亚的领地，天后赫拉就给了他一个恶狠狠的诅咒："你的生命就是一场宿醉，你永远也不会有清醒的一天！"

此后狄俄尼索斯变得半疯，他狂笑着在大地上漫游，经常笑着笑着就泪流满面。每每遇到同路的行人，他都会捧出自己的美酒："喝吧喝吧，喝下它，这个残酷的世界就成了乐园。"狄俄尼索斯走过了黄沙漫天的埃及、崇山环绕的小亚细亚、肥沃富饶的两河流域。每到一处，他都向当地人传授种植葡萄和酿酒的技术，以及那些亦真亦幻的酒神仪式。到达印度之后，狄俄尼索斯与酒神苏摩的信徒痛饮了许多个日夜。酒酣耳热时，人们围着他跳起了疯狂的轮舞……

渐渐地，狄俄尼索斯的追随者越来越多，有森林里的牧神潘、半人半羊的精灵萨堤尔，当然最出名的非那些身披兽皮、头戴花冠、手持活蛇的酒神狂女，即酒神女祭司莫属。酒神狂女们疯疯癫癫、纵情歌舞，如自己的偶像狄俄尼索斯一般，陷入了长久的迷醉和忘我的狂欢之中。激情亢奋时，她们还会活生生撕碎动物，再连血带肉吞下去。有人认为，这些狂女是在模仿提坦神曾对小酒神作出的暴行。也有学者提出，这反映了古希腊妇女内心深处的愿望，她们向往更加热烈的生活，不甘

| 《酒神女祭司》，威廉-阿道夫·布格罗绘

心被剥夺政治权利，成为男人和家庭的附庸，于是当一位解放者出现时，女性就彻底抛下世俗的束缚和社会的捆绑，成了自由之路上一往无前的狂奔者。

"狄俄尼索斯要回到底比斯了！"这个消息如野火般在一个个国度中流传，山峦和原野处处响彻着酒神信徒们的欢呼声。底比斯的市民们纷纷拥出城门，无论男女老少，富人还是奴隶，全都聚集在一起翘首盼望酒神的到来。

底比斯的国王彭透斯是位恪守传统的青年，他为那些烂醉如

| 庞贝城壁画，描绘彭透斯被酒神狂女折磨，作于约公元前1世纪至公元1世纪。
来源：wiki commons

泥、随地坐卧的男人，抛家弃子、放声谈笑的女人感到羞耻，于是派出卫兵，把城中所有举止怪异、穿着奇装异服的酒神信徒统统抓进了监狱。可奇怪的是，每当夜幕降临，监狱大门就会自动敞开，信徒们目睹了狄俄尼索斯的神迹后更加激情高涨了，男男女女在大街上纵酒高歌，狂欢到天明。

彭透斯愤怒极了。他派出军队，把这群人的首领——大祭司狄俄尼索斯抓了起来。

"你这个流浪汉，为什么要在我的国度里制造混乱？"彭透斯气势汹汹地逼问。

"混乱的不是国度，而是人心。那是善与恶、梦与醒交会的地方。你越否认内心，就越深陷其中。"狄俄尼索斯平静地看向他。

彭透斯轻蔑地啐了一口："我不想听你的歪理邪说。狄俄尼索斯，你听好了，伟大的底比斯容不下任何异端！"

狄俄尼索斯被关进了监牢，他没作出任何反抗。但就连看守他的卫兵们都相信，这是一位注定将要改变世界的神。

为了捍卫底比斯的纯洁，彭透斯国王决心把所有酒神的信徒从城邦中驱逐干净。他亲自前往山林追踪，躲在一棵茂密的大树后面观察狂女们的集会。忽然，彭透斯竟然在集会中看到了自己的母亲。他不由得惊叹道："母亲，您怎么也在？"

一个酒神狂女发现了他，尖叫着冲了上来。彭透斯厉声大喝："站住，我是国王！"可此时所有人都陷入了疯狂之中。她们眼中的彭透斯是一头张牙舞爪的山狮，于是一拥而上，把底比斯国王撕成了碎片。直到众人从迷乱中回过神来，才意识到自己酿成了大错。她们不跳舞了，也不唱歌了，和彭透斯的母亲一起，步履沉重地回到城里。

♇ 荣登天庭

此时，酒神狄俄尼索斯已经站在城市广场的正中央了。他向上张开双手："底比斯的人民，我是塞墨勒的儿子，本应继承底比斯的王位，但烈火和雷暴吞噬了我可怜的母亲。在这流浪的三十年间，我尝遍了世上的痛苦和辛酸。我回到这座城邦不是为了赶走别的神，更不是为了压制其他信仰，而是要让所有边缘的、流浪的、被驱逐、被排挤、被迫害的人拥有一片容身之地！长久以来，你们生活在严格的规则和秩序之中，总以为一切新奇的思想都是威胁，一切与众不同的行为都是疾病。今天我要告诉你们，真正的疯狂和疾病是用无知的傲慢来排斥他人，用狭隘的教条来捆绑自己。听一听内心的声音吧！你们不是冷冰冰的砖石，你们拥有自由不羁的热血，你们命中注定要破茧而出，拥抱未知的惊奇和不确定的狂喜！"

万民沸腾了，欢呼声震彻云霄！就连高居奥林匹斯王座之上的宙斯，也为饱经磨难的狄俄尼索斯大声鼓掌喝彩。

"让他来奥林匹斯吧，父亲，"赫耳墨斯眼中闪烁着泪光，"这是狄俄尼索斯应得的。"

"完全同意，"阿波罗露出一抹迷人的笑容，"他来了，我们就有喝不完的美酒了。"

"是的父亲，我们欢迎他。"宙斯最疼爱的两个女儿——阿耳忒弥斯和雅典娜一起站了出来。

"你们给我住嘴！"赫拉咆哮起来，"奥林匹斯只能有十二位主神，一个也不能多！"

这时，一个温柔沉静的声音响起。"我愿意让位给狄俄尼索斯，"炉灶女神赫斯提亚站起身说，"比起奥林匹斯的尊荣，我更想点亮每家每户的炉火，看孩子们围在温暖的餐桌前欢笑。"

在众神的意志前，天后赫拉想反对也不可能了，她唯有眼睁睁看着奥林匹斯的神殿里又住进了一个宙斯的私生子。在青春女神赫柏的迎接下，狄俄尼索斯荣登天庭，他是唯一经历过三次出生，且拥有神与人双重血统的神。从狄俄尼索斯坐上华美的酒神宝座那一刻起，奥林匹斯十二主神的人选终于尘埃落定，至今也不曾改变。

"你在哭，你说你焚烧了你自己。但你可曾想过，谁不是烟雾缭绕？"酒是神奇的液体，当梦魇般的世界无可逃遁时，它会成为苦海上载浮载沉的方舟。在中国古代，醉生梦死的阮籍、痛饮高歌的李白、如醉如痴的苏轼、半醒半醉的唐寅，他们都曾如狄俄尼索斯一样，想要远离心中穷追不舍的赫拉。如今，我们有幸生活在一个相对安宁、相对多元的时代，酒精再也不是灵魂唯一的出口，然而酒神精神永远也不会老去。当我们在命运前挣扎，在诗歌、在悲剧、在摇滚间死死生生的时候，狄俄尼索斯会与你我共舞。

18:00
PROMETHEUS

Prometheus

第十五篇　小行星 1809
普罗米修斯：炽焰灼心

　　小行星 1809 是一块位于火星与木星轨道之间的不规则岩石。它其貌不扬，泯然于 50 多万颗小行星之中。然而，正如平凡者亦能拥有崇高的灵魂，这个再普通不过的天体有着一个英雄的名字——普罗米修斯。

⚡ 生命的起源

  小行星 1809 位于火星与木星的轨道之间。1960 年 9 月，天文学家在帕洛马山天文台发现了它。这颗小行星直径大约 144 米，也不明亮，仅仅是一块在太空中终年漂泊的岩石，然而正如平凡者亦能拥有崇高的灵魂，这个平凡的天体有着一个英雄的名字——普罗米修斯。

  好奇是人的天性。在人类一系列终极追问中，起源是一个永远萦绕不去的话题。希腊神话讲述了伟大的普罗米修斯用黏土捏塑成人，与中国神话中女娲抟土造人的创举惊人地一致。可是这些诗意的回答并不能满足人们求知若渴的心，譬如战国时期的屈原就锲而

  银河延伸至覆盖地平线的气辉，右下角是极光，摄于印度洋上空的国际空间站，长曝光照片。 来源：NASA

不舍地追问道："女娲有体，孰制匠之？"是啊，如果人类的祖先是女娲或者普罗米修斯，那么他们的祖先又是谁呢？祖先之前还有祖先，只要我们顺着生命之河不断追溯，就必然会触及一个根本性的问题：生命是如何开始的？

如今，进化论已为我们揭示出物种如何由简单过渡到复杂，可依然没有人知道那最初的生命如何诞生，或者在何时何地诞生。囿于时间与空间的限制，也许直到人类灭亡的那一天，我们都无法得到明确的答案。但可以肯定的是，地球是我们目前所知宇宙中唯一存在生命的地方。从干旱的沙漠到湿润的雨林，从亘古的冰川到幽深的海底，形形色色的生命遍布其间，甚至此时此刻，你我体内都有无数微生物……

当下较为主流的观点认为，地球生命起源于无机物的化学演化。童年时期的地球贫瘠而炽热，了无生机的海浪终日拍打着寸草不生的陆地，不知不觉就过去了几亿年。原始大气中的气体在雷电、射线等的长期作用下形成许多简单的有机物，这些有机物随雨水汇集到原始海洋中。它们彼此不断碰撞、融合。大约 39 亿年前，那时"太阳强烈 / 水波温柔 / 一层层白云覆盖着"，奇迹般的化学反应发生了，核酸和蛋白质等有机大分子在原始海洋中合成。这些有机大分子在原始海洋中逐渐积累，长期相互作用，逐步形成能生长、生殖、遗传的原始生命。随着自然环境的变化，这些原始生命开始了缤纷多样的演化。从此无数世系兴衰更迭，从古生菌、斯普里格蠕虫，到恐龙、猛犸，再到智人的故事，在宏大的生命舞台上轮番上演。

还有一种有生源说，该观点认为早期地球上的无机物无法孕育出强韧的生命，是那些撞击地球的陨石和彗星裹挟着星际微生物降临地表，这些微生物既可能来自火星、金星，也可能来自更加遥远的天体。它们在岩石内部休眠，躲过了太空中的严寒、辐射与真空，又从穿越大气层的烈焰旅程中幸存下来，最后在地球这个全新的环境里重启生命演化。

开普勒望远镜迄今为止发现行星的精选，艺术概念图。 来源：NASA

原始生命在星际中成功迁徙的可能性虽然很渺茫，但这个理论依然引发了学界及地外生命爱好者的关注。它将生命的来源引向广袤的宇宙，告诉我们其他星球上一样可能诞生过蓬勃的生命，甚至早已演化出类似人类的智慧生物。

☄ 生命的追寻

熠熠群星给予我们永恒不变的指引。早在古希腊，一些自然派哲学家就开始认真思考外星生命存在的可能性。原子论者德谟克里特认为，地球和群星都由无限多随机运动的原子构成。由于这一理论相信宇宙没有尽头，原子的数量没有极限，因此我们这个世界中孕育生命的过程也必然会在其他世界中重演。在长诗《物性论》中，哲学家卢克莱修清晰地将其表述为："由于无限的原子会在无限的虚空中相遇，除了我们的世界，宇宙中必定还存在着许许多多别的世界……那些世界中也有人类和野兽的种族。"

今日，天文学家估算出，仅仅银河系就有约 1 500 亿至 4 000 亿颗恒星，其中相当一部分都拥有环绕自己的行星，在这些行星里，处在宜居带并具备生命繁衍条件的类地行星超过了 3 亿颗。不仅如此，巨行星附近的众多卫星，比如木卫二、木卫三、土卫二、土卫六，也都有可能在巨行星潮汐加热作用下维持足够的温度，从而孕育出某种形式的生命。

在乐观主义者眼中，只要一颗星球预备好了恰当的原料和适宜的环境，比如拥有液态水、大气层和某些化学物质，那么随着时间的推移，生命就会自然而然地出现。地球就是一个完美的例子，它证明了浩瀚宇宙中生命诞生的概率不是 0，而在数量近乎无限的星球前，一个概率大于 0 的事件怎么可能只发生一次呢？也许就在我们阅读的当下，千姿百态的生命正安然寄身于形形色色的星球世界，它们有的摇曳于天风，有的奔走于大地，有的在火热的熔岩里

| 开普勒-69c，潜在宜居行星，位于天鹅座，距地球约 2 700 光年，艺术概念图。 来源：NASA

翻滚，有的在冰冷的渊薮中游动，有的如你我一般在漫天迸溅的星光下迷醉，转瞬又消融于亘古的虚无。

另一个值得深思的问题是，如果有一天，人类真的在某颗星球上发现了新生命，我们该如何对待它们？回望历史，人类文明的迅猛发展加速了物种灭绝，过度猎杀加上栖息地的破坏致使渡渡鸟、袋狼等物种的演化之路断绝。当人类凭借先进的科学技术登陆"新世界"时，那里的生命要是恰好能够成为可口的食物，要是它们拥有人类渴求已久的资源与财富，那等待它们的将会是什么样的命运？我们是否会变成《阿凡达》中肆意征服、劫掠外星生命的暴徒，把外星世界变成血淋淋的屠场？抑或在普罗米修斯的指引下，尽心守护弱小生命的权利和尊严，一如这位伟大的提坦无怨无悔地爱着我们？

| 比邻星 b 地貌，潜在宜居行星，位于半人马座，距地球约 4.2 光年，艺术概念图。 来源：NASA

⚡ 追求正义

　　在希腊神话中，有一位特立独行的提坦神——普罗米修斯。他智慧、勇敢、自由、慈悲，既是人类等众多生命的创造者，又是坚定的守护者和造福者，最终升华为世人心中不可磨灭的精神图腾。

　　我们知道，希腊神无论外表还是情感都与人类相差无几，他们如同凡人一样爱，如同凡人一样恨，毕生所求无非是人类渴望的爱、美与荣耀。因此这些神的道德水准和人类难分高低，就算尊贵如宙斯，也无法遏止汹涌的情欲，即便智慧如雅典娜，亦不能超越内心的嫉妒。唯有普罗米修斯堪比舍己奉献的圣徒。那么，究竟是什么原因让普罗米修斯成了爱与自由的象征呢？

2009年，村上春树在耶路撒冷文学奖获奖致辞中说道："假如有一堵高墙和撞向它的鸡蛋，我永远站在鸡蛋这一边。是的，无论高墙多么正确而鸡蛋多么错误，我也还是站在鸡蛋一边。正确不正确是由别人决定的，或是由时间和历史决定的。……我们每一个人都或多或少分别是一个鸡蛋，是具有无可替代的灵魂……的鸡蛋……为了让个人灵魂的尊严浮现出来，将光线投在上面。"

这就是普罗米修斯精神的真实写照，他拒绝一切权力的威逼利诱，总是独立思考、自主抉择，宁可为心中的正义在铜墙铁壁上撞得粉身碎骨，也决不会低下昂扬不屈的头。悲剧诗人埃斯库罗斯将他视为坚守正义与良知的英雄；近代浪漫主义运动中，歌德、拜伦、雪莱等大诗人热情歌颂他的崇高伟岸；马克思甚至把他称为"哲学日历中最高尚的圣者和殉道者"。

普罗米修斯的字面意思是"先知先觉，深谋远虑"。他人如其名，有着非凡的洞察力，能够从细微处窥见事物发展变化的轨迹。他可爱的兄弟厄庇墨透斯则恰好相反，总是大大咧咧地先行动后思考，直到一件事无可挽回时，方才仰天长叹，追悔莫及。在宙斯与父亲克洛诺斯的大战爆发之初，提坦神谁都不把年轻的奥林匹斯神放在眼里。可是普罗米修斯却从宙斯坚毅的眼神中读出了另一个自己，他拉住弟弟厄庇墨透斯的手，说："我们一起帮助宙斯吧。相信我，他能创造出一个比现在更好的世界。"

正如巨大无匹的恐龙灭绝，聪明灵活的哺乳动物才迎来属于自己的黄金时代，提坦之战的硝烟散尽后，奥林匹斯神也从父辈手中赢得了莽莽苍苍的天与地。在宙斯的带领下，众神努力治愈饱受战火摧残的大自然，他们重建法律和秩序，又尽情欢乐。伴随着一个个嫩芽破土而出，神的数量也急剧增加，生机勃勃、绿意盎然的新世界诞生了。

⚡ 人类诞生

一个遥远而静谧的夏日午后，普罗米修斯坐在高高的山岗上，遥望伯罗奔尼撒开满鲜花的河谷。

"你过得可真惬意！"一只健壮的手臂搂过他，"老朋友，真怀念我们并肩战斗的日子，那时只要想着怎么把眼前的敌人打倒就行。如今天下太平了，可麻烦事一桩接着一桩。怎么样？和我回奥林匹斯吧，我依然需要你充满智慧的引导。"

普罗米修斯悠悠地叹了口气："宙斯，我有自己的活法。"

"那至少告诉我你想要什么。"宙斯拍了拍他的后背，"亲爱的朋友，宙斯向来恩仇必报。"

| 《普罗米修斯以土造人》，康斯坦丁·汉森绘

"我要这世间充满自由自在的生命。"普罗米修斯眼中忽然迸射出明亮的光芒，"我要看到更多的生命在天空飞翔，在水里游动，在大地上奔跑。"

宙斯笑道："你这是要学厄洛斯啊？"

"人。"普罗米修斯平和而坚定地看着他，"我还要用众神的形象造人！"

"人？"宙斯心里咯噔了一下。紧接着，他恢复了王者的威严，"好，我同意造人。人可以拥有神的形象，但他们只能是血肉之躯，注定要在尘埃里匍匐一生。"

普罗米修斯和他的弟弟肩负起了这项轰轰烈烈的生命工程。普罗米修斯每创造一个物种，厄庇墨透斯就赋予它一项独特的天赋。他把力量给了狮子，灵巧给了猴子，迅捷给了豹子，坚忍给了骆驼，毒液给了蛇，回声定位给了蝙蝠……

普罗米修斯造人时倾注了最多的心血。他远赴幼发拉底河找来色泽最美丽、触感最顺滑的黏土，时时拂拭时时修改，精雕细琢了许多个日夜。当他把人小心翼翼地交给弟弟时，后知后觉的厄庇墨透斯这才发现，天赋的筐子已经空空如也了。所以人类跳得不高跑得不快，不能飞行不会打洞，没有皮毛抵御严寒，也没有锋利的爪牙对抗凶猛的野兽。

眼看着自己精心创造的人类竟如此脆弱可怜，普罗米修斯不由得心生悲悯。于是他找来与自己惺惺相惜的雅典娜，恳请智慧女神赠予人类一件礼物，好让这个一无所有的物种能够在世间存活下去。

"你真是个艺术家！"雅典娜第一眼看见精美的人就迷上了这件作品。她摸摸修长的四肢，拍拍宽阔的胸膛。终于，智慧女神捧起人的脸庞，向人嘴里吹入灵魂和理智的气息。

黏土塑成的人活过来了！他们满地打滚，又跑又跳，充满惊奇地感受着这个绚烂多姿的世界。风送来大海的咸味与花朵的芬芳，这些天真的小家伙兴奋得手舞足蹈，他们纵情欢笑的样子好像奥林匹斯天庭上的众神！就这样，人类错失了动物们与生俱来的天赋，却意外得到了属于神的特质——智慧。在智慧的帮助下，终有一天，他们会游得比鱼更快，飞得比鸟更高。

普罗米修斯深深爱上了自己创造的人类。他引导人类观察日月星辰的起落，启发他们创造文字和数学，还教会人类如何缝制衣物、建造房屋，如何在阿耳忒弥斯的山林中狩猎，在得墨忒耳的田野里耕种，在波塞冬的大海上远航……总之，一切能够减轻人类痛苦，让生活更从容、更幸福的知识和技能，普罗米修斯倾囊相授。

⚡ 火的馈赠

如今还剩最后一样东西，它炽热、滚烫，能够驱散黑暗，点亮人类灵魂中的创造力与想象力。然而这件至关重要的东西却被宙斯牢牢地掌控在手中，他再三告诫普罗米修斯："你创造的人类和我们实在太像了。如果拥有了火，这群桀骜不驯的家伙就将彻底脱离野兽的行列。很快，他们会野心膨胀，想要取代众神！听清楚，我的朋友，你可以传授所有知识，但绝对不能让他们得到火！"

宙斯曾把普罗米修斯视为最亲密的伙伴，无论在战场上所向披靡，还是在情场上春风得意，他都离不开这位挚友贡献出的一条条妙计。普罗米修斯也从未违逆过宙斯，因为他清楚神无完神，宙斯虽然霸道又好色，但坚强、勇敢、公正等品质让他依然不失为一位合格的神王。此时此刻，普罗米修斯站在了命运的十字路口，如果他选择用火照亮人类的灵魂，就意味着与神王宙斯公然决裂。

酒红色的晚霞消退了，奥林匹斯山逐渐被夜幕笼罩。普罗米修斯背着一束长长的木本茴香枝条，从陡峭的绝壁向上攀爬。这样他就可以绕过大殿中央正在宴饮作乐的众神，悄无声息地接近铁匠铺里终年不息的炉火。山顶的积雪很厚，多亏普罗米修斯赤足前来，

| 《普罗米修斯为人类带来火》，海因里希·弗里德里希·菲格尔绘

才不会发出靴子踩在雪地上的嘎吱嘎吱声。他隐匿在黑暗中，伏低身体向奥林匹斯神殿的后院潜行。

　　阿波罗优雅的里拉琴声、赫耳墨斯美妙的笛音，还有宙斯豪爽的大笑和阿芙洛狄忒清脆的咯咯声，传入他的耳中。就在宴会达到高潮，众神放声高歌的时候，普罗米修斯纵身跃入赫菲斯托斯的铁匠铺。他将伸展的枝条探入炉中，强劲的热浪一瞬间就把它点燃了。普罗米修斯用牙齿紧紧咬住这束燃烧的茴香枝，手脚并用迅速爬下岩壁，把火种安全带到人类的家园。

起初，人们被蹿动的火苗吓得哇哇大叫。普罗米修斯宰杀了一头公牛，把牛肉穿好，放在火堆上烤。不一会儿，烤肉的香气扑鼻而来，令人垂涎欲滴。大家不由自主地围拢上来。这时普罗米修斯将火把高高举过头顶，露出阳光般温暖的笑容："朋友们！火是来自奥林匹斯天庭的礼物。一旦你们驯服它，它就会成为得力的帮手和忠诚的伙伴。"

在普罗米修斯的鼓励下，越来越多的人迷上了这个神秘诡谲的精灵。他们学会了使用坚硬的燧石和干燥的木头取火，并用它点燃炉灶、烹煮食物、烧制陶罐、冶炼金属……为了纪念盗火者的功业，古希腊人以茴香枝为原型发明了火炬，用以点亮奥林匹克运动会上的圣火，并创造出一项体育仪式——火炬接力。人们希望普罗米修斯的火种能够永远不息地传递下去。

☇ 受难的英雄

不久后，高居奥林匹斯天庭的宙斯无意间俯瞰尘世，发现大地上跃动着成千上万道光焰，竟一直蔓延到地平线的尽头，与夜空中明明灭灭的星辰交相辉映。"普罗米修斯！"宙斯怒吼一声，惊雷从天空炸响，他的脸色铁青如死。神王遭遇了背叛，而背叛者恰恰是他最信赖的朋友。宙斯的心被利刃刺穿了。

在火的庇护下，人类再也不惧怕凶猛的野兽和漫长的严冬，熟食让他们身体更健康，思维更敏捷，文明也突飞猛进。终于有一天，不断壮大的人类在祭品的分配上和众神产生了纠纷。双方各执一词，决定找一位中间人裁决。人类选出的代表正是自己的恩主普罗米修斯，而众神也相信关键时刻，他身为神绝对不会出卖自己一方的利益。

普罗米修斯牵来一头壮实的公牛，干净利落地把它分解成两堆。其中一堆全是肥美的牛肉，唯有顶上盖满了污血横流的内脏，看上去令人作呕；另一堆全是骨头，最上面却摆满了莹白的油脂，看起来异常可口。布置妥当后，普罗米修斯恭恭敬敬地请宙斯在两堆祭品中先作选择。

神王毫不犹豫地指向摆满闪亮油脂的那一堆，但打开一看，竟是一些剔得干干净净的骨头！宙斯气得青筋暴起，他握紧拳头，指甲深深嵌入了掌心。可宙斯作为神王，不可能自食其言。从此以后，古希腊人形成了这样一种祭祀的传统——骨头焚烧献给神，肉留给自己。

《被缚的普罗米修斯》，大理石像，尼古拉·塞巴斯蒂安·亚当作。
来源：wiki commons

| 《被缚的普罗米修斯》，彼得·保罗·鲁本斯绘

　　硕大的月亮低低地照着世间。宙斯的两个仆人——"暴力"和"强制"，把捆得结结实实的普罗米修斯押送到了高加索山脚下。

　　"你承认自己的罪行吗？"神王令人生畏地逼视着他。

　　"我无罪。如果重来一次，我依然会站在人类的一边。"普罗米修斯不卑不亢地面向宙斯，"从创造他们的那一刻起，我就在自己的安危和人类的幸福之间作出抉择了。"

　　当这对挚友目光触碰时，那些一起战斗、一起玩耍、一起赢得宁芙芳心的情景开始在两人脑海中不断重现。他们心底暗涌着情感的激流，但谁也没有率先表露出来。

　　宙斯多么希望这位老友能够低头认罪，痛哭流涕地恳求他原谅，他就会张开双臂再一次拥抱普罗米修斯。但普罗米修斯始终一言不发。众神都在天庭上注视着这一幕，如果宙斯继续放任事态发展，他会丧失全部威望，沦为天庭与人间最大的笑柄。

　　"普罗米修斯，你挖了我的心，作为回报，我也会挖出你的心。

你将在悬崖上承受无尽的痛苦。总有一天，你会看到人类犯下千万种罪孽，你会明白人类不值得同情。"

　　普罗米修斯被绑在了高加索山的悬崖峭壁上，任由狂风摧折，冰雹抽打。他的皮肤寸寸皲裂，四肢也冻伤了。但折磨远远不止这些！每天清晨，一只饥肠辘辘的雄鹰会尖啸着扑向他，一口口啄食他的肝脏。泉涌而出的鲜血把岩石染红，普罗米修斯疼得汗流浃背，但他咬紧牙关，不肯呻吟一声。神是不死的，每过一夜，他的伤口都会愈合，被啄食的肝脏又再次长出来，成为鹰的食物。这样残酷的折磨持续了一天又一天，一年又一年，一个世纪又一个世纪……

　　"巨人呵！你被注定了要辗转在痛苦和你的意志之间，不能致死，却要历尽磨难。"整整五百年后，一位如同宙斯般强大的凡人——赫拉克勒斯攀上高加索山之巅，他弯弓搭箭，嗖的一声就把那只正啄食肝脏的恶鹰射下了万丈高崖。赫拉克勒斯又挥舞大棒把捆缚普罗米修斯的镣铐砸得粉碎。这位创造人类、全身心爱着

| 《赫拉克勒斯释放普罗米修斯》，朱塞佩·巴尔德里吉绘

人类、为人类受尽苦难的盗火者，最终在人类英雄的解救下重获自由。

人们从四面八方拥来，齐聚在高加索山脚下，为普罗米修斯的解放而欢呼。然而宙斯的判决是不可更改的，于是人们纷纷捡起高加索山的碎石，用铁环镶嵌起来佩戴在手指上，表示用短暂的一生为普罗米修斯分担永恒的刑期，这就是传说中戒指的来历之一。每有一人佩戴戒指，普罗米修斯的重负就会减轻一分，他盗取的火种也会在人心底熊熊燃烧。

⚡ 远古的回声

中国也有一位经历如同普罗米修斯般壮烈的神——鲧。《山海经·海内经》记载："洪水滔天，鲧窃帝之息壤以堙洪水，不待帝命。帝令祝融杀鲧于羽郊。"远古时期，一场咆哮的大洪水吞没了人类的家园，幸存者流离失所，不得不躲上高山，在饥饿、病痛和毒蛇猛兽的侵袭下悲惨度日。鲧哀怜人类，他多次犯颜直谏，请求天帝将一种可以不断生长的土——息壤赐予灾民，用以堙塞洪水，重建家园。

然而，天帝对世人的痛苦无动于衷。屡屡碰壁后，鲧一怒之下绕过天宫的看守，从天帝眼皮底下把息壤偷了出来。很快，一道道大堤拔地而起，洪水被阻断了，广阔的绿野重现世间。此时，衣衫褴褛、骨瘦如柴的人们从高山上纷纷走了下来，高声赞美自己的救星——鲧。没过多久，呼喊声惊动了天帝，龙颜大怒，他派火神祝融把叛逆不驯的鲧杀死在羽山。息壤被收回了，决堤的洪水再次将九州化为一片汪洋。人们痛惜鲧的牺牲，更哀叹自己不幸的命运。

蛮荒时代，面对洪水、地震、雷暴、野火等席卷天地的自然之力，先民常常感到自身渺小而脆弱。他们渴望摆脱种种吞噬生命的灾异，虔诚地祈求神明帮助自己，鲧和普罗米修斯便是先民这份情感与愿望的投射。因为拯救黎明苍生，盗取宙斯火种的普罗米修斯被缚于万仞绝壁，日日承受摧心裂肺的痛楚；盗取天帝息壤的鲧四顾苍茫，横死于刽子手的屠刀下。倘若明知刀锋血泊就是自己的结局，他们还会义无反顾地守护弱者吗？也许从挺身而出的那一刻起，真正的英雄就已经将生死荣辱置之度外了，也许正如鲍勃·迪伦的诗句：

小行星 1809
普罗米修斯：炽焰灼心

一个人要走过多少路，
才能称为真正的人？
一只白鸽要飞过几片大海，
才能在沙滩安眠？

答案在风中飘荡。

参考文献
Bibliography

阿波罗多洛斯.《希腊神话》[M].周作人,译.北京:中国对外翻译出版公司,1999.

阿多.《伊西斯的面纱》[M].张卜天,译.上海:华东师范大学出版社,2015.

埃斯库罗斯.《埃斯库罗斯悲剧集》[M].陈中梅,译.北京:华夏出版社,2008.

奥维德,贺拉斯.《变形记·诗艺》[M].杨周翰,译.上海:上海人民出版社,2016.

柏拉图.《理想国》[M].郭斌和,张竹明,译.北京:商务印书馆,1986.

鲍特文尼克,科甘,帕宾诺维奇,谢列茨基.《神话辞典》[M].黄鸿森,温乃铮,译.北京:商务印书馆,2015.

贝尔.《天文之书》[M].高爽,译.重庆:重庆大学出版社,2015.

贝内特,肖斯塔克.《宇宙中的生命》[M].霍雷,译.北京:机械工业出版社,2016.

蔡森,麦克米伦.《今日天文.恒星:从诞生到死亡》[M].高健,詹想,译.北京:机械工业出版社,2016.

蔡森,麦克米伦.《今日天文.太阳系和地外生命探索》[M].高健,詹想,译.北京:机械工业出版社,2016.

蔡森,麦克米伦.《今日天文.星系世界和宇宙的一生》[M].高健,詹想,译.北京:机械工业出版社,2016.

费里斯.《望向星空深处》[M].迟讷,译.南京:译林出版社,2020.

弗莱.《神话》[M].黄天怡,译.杭州:浙江教育出版社,2020.

戈德希尔.《阅读希腊悲剧》[M].章丹晨,黄政培,译.北京:生活·读书·新知三联书店,2020.

汉密尔顿.《希腊罗马神话:永恒的诸神、英雄、爱情与冒险故事》[M].余淑慧,译.北京:中信出版集团,2017.

荷马.《荷马史诗:伊利亚特·奥德赛》[M].陈中梅,译.上海:上海译文出版社,2018.

赫西俄德.《工作与时日·神谱》[M].张竹明,蒋平,译.北京:商务印书馆,1997.

加来道雄.《人类的未来:移民火星、星际旅行、永生以及人类在地球之外的命运》[M].徐玢,尔欣中,译.北京:中信出版集团,2019.

江逐浪.《众神的样子:希腊神话与西方艺术》[M].北京:化学工业出版社,2020.

库恩.《希腊神话》[M].朱志顺,译.上海:上海译文出版社,2011.

罗念生.《希腊漫话》[M].北京:北京出版社,2016.

马蒂塞克.《希腊罗马神话》[M].崔梓健,译.北京:民主与建设出版社,2019.

施瓦布.《希腊神话与传说》[M].高中甫，关惠文，高罿，晓华，译.长春：时代文艺出版社，2018.

王以欣.《希腊神话之谜》[M].西安：陕西师范大学出版社，2011.

韦尔南.《古希腊的神话与宗教》[M].杜小真，译.北京：商务印书馆，2015.

韦尔南.《宇宙、诸神与人》[M].马向民，译.上海：文汇出版社，2017.

沃尔弗斯，亨德里克斯.《太空移民》[M].李虎，译.长沙：湖南文艺出版社，2019.

晏立农，马淑勤.《古希腊罗马神话鉴赏辞典》[M].长春：吉林人民出版社，2006.

伊利亚德.《神圣的存在》[M].晏可佳，姚蓓琴，译.桂林：广西师范大学出版社，2008.

伊利亚德.《宗教思想史》[M].吴晓群，晏可佳，译.上海：上海社会科学院出版社，2011.

袁珂.《中国神话传说：从盘古到秦始皇》[M].北京：北京联合出版公司，2016.

Dowden K. *The Uses of Greek Mythology* [M]. London and New York: Routledge, 1992.

Armstrong K. *A Short History of Myth* [M]. Edinburgh: Canongate Books, 2005.

Dowden K. *Zeus* [M]. New York: Routledge 2006.

Lefkowitz M R. *Women in Greek Myth* [M]. Baltimore: The Johns Hopkins University Press, 2007.